高等职业教育 通识类课程新形态教材

工程数学

主　编 ◆ 郭立娟　王　海
副主编 ◆ 汪朝晖　吴跃明

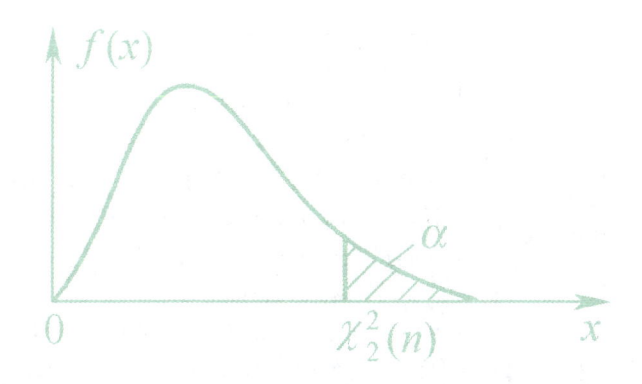

中国水利水电出版社
www.waterpub.com.cn
·北京·

内 容 提 要

本书共4章，分别为函数与极限、导数与微分、积分学、航空数学知识模块．本书所选内容对接装备制造类专业中"机械设计基础""工程力学"等专业基础课以及"飞机铆装技术"等专业课程，体现数学的工具性、应用性．本书的每节配有习题训练并提供详细的参考答案．在内容的取舍上，本书适当地减少了一些繁难的证明，尽可能借助具体生动的生活化案例、专业案例及几何直观图形来阐述数学基本概念和定理，突出基本概念、基本方法、基本技能．

本书为高职高专航空机电设备维修、飞行器数字化制造技术等专业的课程学习提供必备的数学知识，并可作为工具用书，为专业知识的学习提供支持．

图书在版编目（CIP）数据

工程数学 / 郭立娟，王海主编．— 北京：中国水利水电出版社，2023.9
高等职业教育通识类课程新形态教材
ISBN 978-7-5226-1764-0

Ⅰ．①工… Ⅱ．①郭… ②王… Ⅲ．①工程数学—高等职业教育—教材 Ⅳ．① TB11

中国国家版本馆 CIP 数据核字（2023）第 162229 号

策划编辑：周益丹　　责任编辑：高　辉　　加工编辑：刘　瑜　　封面设计：苏　敏

书　　名	高等职业教育通识类课程新形态教材 工程数学 GONGCHENG SHUXUE
作　　者	主　编　郭立娟　王　海 副主编　汪朝晖　吴跃明
出版发行	中国水利水电出版社 （北京市海淀区玉渊潭南路1号D座　100038） 网址：www.waterpub.com.cn E-mail：mchannel@263.net（答疑） 　　　　sales@mwr.gov.cn 电话：（010）68545888（营销中心）、82562819（组稿）
经　　售	北京科水图书销售有限公司 电话：（010）68545874、63202643 全国各地新华书店和相关出版物销售网点
排　　版	北京万水电子信息有限公司
印　　刷	三河市德贤弘印务有限公司
规　　格	170mm×240mm　16开本　12.75印张　221千字
版　　次	2023年9月第1版　2023年9月第1次印刷
印　　数	0001—3000册
定　　价	48.00元

凡购买我社图书，如有缺页、倒页、脱页的，本社营销中心负责调换

版权所有·侵权必究

前　言

本书是根据教育部高职高专教育"高等数学"课程的教学基本要求，结合党的二十大以来关于教育的指导精神以及目前高职高专教材针对性较差的实际情况而编写的.

对于普通高等学校（包括高职院校）理工类的航空机电设备维修、飞行器数字化制造技术等专业来说，数学是一门非常重要的基础课程，专业课中涉及大量的高等数学知识.然而，目前我国高职高专（高等数学）教材仍然沿袭着传统的学科体系思想，只讲授纯粹的数学知识，没有体现数学在航空机电设备维修、飞行器数字化制造技术等专业之中的广泛应用.这样的教材既不符合高校学生的实际水平，也不符合高职高专航空机电设备维修、飞行器数字化制造技术等专业相关课程的教学需要.为了更好地给此类专业学生的课程学习和技术能力的发展提供有效的支撑，我们尝试着改革传统的"高等数学"课程，重建和编写一门适合高职高专航空机电设备维修、飞行器数字化制造技术等专业的应用数学教材.

在本书的编写过程中，通过与航空机电设备维修学院和航空机械制造学院经验丰富的专业课教师交流，充分采纳各方面的建议和意见，我们联系高职实际，贯彻"以应用为目的，以够用为度"的原则，注重学生基本运算能力和分析问题、解决问题能力的培养，并遵循"突出思想分析，立足能力培养，强化实际应用"，尽可能做到深入浅出，由易到难，切合高职高专教育的教学规律，力求方便学生及教师使用.更为重要的是，与传统的微积分数学教学体系不同，我们增加了公英制单位换算、扭矩和功与功率的计算、弯曲余量的计算、飞机的配重与平衡、铆钉尺寸的计算、向量、概率基础等内容，并且选取了大量与航空机电设备维修、飞行器数字化制造技术等专业中"机械设计基础""工程力学"等专业基础课以及"飞机铆装技术"等专业课程密切相关的例题和习题,将它们编排到相应知识的教学过程之中,体现出数学的工具性、应用性.本书是我们在高等职业教育领域数学课程改革与创新的一个大胆而有益的探索.

为改变目前教材所需学时数与实际学时数脱节的状况,我们根据目前数学教材中存在的问题,进行了学时压缩和部分章节内容的增删、调整与合并.

本次编写旨在打造具有特色的、体现信息化技术发展要求的高职高专数学教材.具体来说,本书具有以下特色:

(1)层次分明,语言简练.本书内容分为4章,每个章节的安排由易到难,逐步深入.为体现高职教育特色,本书在叙述上浅显易懂,注重数学概念的直观解释和数学思想方法的渗透,定理的表述也自然、简明,可让学生无障碍学习.本书尽可能借助具体生动的生活化案例、专业案例及几何直观图形来阐述数学基本概念和定理,力求使抽象的数学概念形象化,便于高职学生理解和掌握.

(2)引例导入,结合专业.本书大量知识点都通过引例导入,让学生带着问题学习,能有效激发学生的学习兴趣,这些引例来源于专业和生活,加强了数学与专业及生活的联系,有利于培养学生的数学应用意识,提高其对数学知识的应用能力.

(3)选题全面,学练结合.本书不仅在章节中穿插精选的例题,帮助学生及时理解相关的数学概念,也在每节后配有多种类型的习题,以帮助学生通过对教材内容的反思和深化,梳理知识脉络,掌握基础知识和常用的数学方法.此外,本书配有习题参考答案,有利于学生自行检查学习成果.

(4)数学实践,服务专业.本书通过引用大量与专业及专业基础课密切相关的例题与习题,并将它们编排到相应知识的教学过程,将数学知识与专业内容密切结合起来,使得学生学习数学知识时不再感到空洞乏力,从而真正达到服务专业的目的.

本书由长沙航空职业技术学院郭立娟和珠海保税区摩天宇航空发动机维修有限公司专家王海任主编,由长沙航空职业技术学院汪朝晖、吴跃明任副主编.王海为本书提供了大量专业案例和素材,在此表示衷心的感谢.

在本书的编写过程中,我们参考了众多院校教师编写的教材和相关资料,在此表示感谢!同时对积极支持本书编写和出版的各位领导专家表示衷心的感谢!

由于编者水平有限和时间紧迫,本书难免存在欠缺和不妥之处,恳请广大读者不吝赐教,提出宝贵意见,以便我们进行修订和完善.

编 者

2023 年 5 月

目 录

前 言

第1章 函数与极限 1
1.1 函数 1
1.1.1 区间和邻域 2
1.1.2 函数的定义 3
1.1.3 函数的四种特性 5
1.1.4 反函数 7
1.1.5 初等函数 8
1.1.6 建立函数关系举例 15
习题 1.1 17
1.2 极限的概念 18
1.2.1 数列的极限 18
1.2.2 函数的极限 20
1.2.3 无穷大与无穷小 22
习题 1.2 23
1.3 极限的计算 25
1.3.1 极限的四则运算法则 25
1.3.2 无穷小的比较 29
习题 1.3 32

第2章 导数与微分 34
2.1 导数的概念 34
2.1.1 引例 34
2.1.2 导数的定义 36
2.1.3 求导数举例 37
2.1.4 导数的几何意义 40
习题 2.1 42
2.2 函数的和、差、积、商的求导法则 43
习题 2.2 46
2.3 复合函数的求导法则与高阶导数 47
2.3.1 复合函数的求导法则 47
2.3.2 高阶导数 49
习题 2.3 51
2.4 函数的微分 52
2.4.1 微分的定义 53
2.4.2 微分的几何意义 54
2.4.3 微分公式与微分运算法则 55

2.4.4 微分在近似计算中的
应用 57
习题 2.4 59

第3章 积分学 61
3.1 原函数与不定积分的
概念 61
3.1.1 原函数的概念 61
3.1.2 不定积分的定义 62
3.1.3 不定积分的性质 63
3.1.4 不定积分的
几何意义 64
习题 3.1 65
3.2 不定积分的运算法则
与积分法 66
3.2.1 不定积分的
基本公式 66
3.2.2 不定积分的
基本运算法则 67
3.2.3 直接积分法 68
3.2.4 第一类换元积分法
（或凑微分法）........ 69
3.2.5 第二类换元积分法 73
习题 3.2 77
3.3 定积分的概念与性质 78
3.3.1 两个引例 79
3.3.2 定积分的定义 81
3.3.3 定积分的几何意义 83
3.3.4 定积分的基本性质 85
习题 3.3 87

3.4 定积分的计算 87
3.4.1 微积分基本公式 87
3.4.2 定积分的换元积分法 ... 89
习题 3.4 92
3.5 定积分及其应用 93
3.5.1 定积分的微元法 93
3.5.2 定积分的应用 94
习题 3.5 99

第4章 航空数学知识模块 100
4.1 公制单位与英制单位的
转换 100
习题 4.1 106
4.2 游标卡尺与千分尺的使用 ... 107
4.2.1 游标卡尺 107
4.2.2 千分尺 113
习题 4.2 120
4.3 扭矩、功与功率的计算 121
4.3.1 扭矩扳手 121
4.3.2 扭矩的计算 122
4.3.3 功的定义 124
4.3.4 功率 125
4.3.5 马力 127
习题 4.3 128
4.4 钣金件弯曲余量的计算 128
4.4.1 K因子 130
4.4.2 折弯补偿 131
4.4.3 折弯扣除 132
4.4.4 弯曲余量的
计算公式 134

习题 4.4 134
4.5 飞机的配重与平衡 134
 4.5.1 重心与重心的
    确定 135
 4.5.2 载重与平衡 139
习题 4.5 148
4.6 铆钉的直径与长度计算 149
 4.6.1 铆接与铆接方式 149
 4.6.2 铆钉的基本类型
    与尺寸 149
 4.6.3 铆钉的直径
    和长度计算公式 ... 155
习题 4.6 156
4.7 向量的概念与计算法则 156
 4.7.1 向量的概念 156
 4.7.2 向量的表示法 157
 4.7.3 空间向量的
    坐标法 157
 4.7.4 向量的线性运算 159
 4.7.5 向量的数量积
    运算 162

习题 4.7 163
4.8 概率的基本概念 164
 4.8.1 排列与组合 164
 4.8.2 随机现象的描述 167
习题 4.8 174
4.9 随机事件的概率ⵈⵈⵈⵈⵈⵈⵈⵈ 175
 4.9.1 概率的定义
    及性质 175
 4.9.2 频率与直方图 178
 4.9.3 概率的古典定义 180
习题 4.9 183
4.10 概率的乘法公式
   与条件概率 184
 4.10.1 条件概率 184
 4.10.2 乘法公式 185
 4.10.3 事件的独立性
     与伯努利概型 186
习题 4.10 192

参考文献 193

第 1 章　函数与极限

数学的发展与科学技术的进步有着密切的关系,工科的发展离不开数学知识.我们在工程中常常遇到很多难题,破解这些难题需要很多数学知识,且需将这些数学知识灵活地应用于实践中,扎实的数学基础能够为工科的专业课程学习提供有力的保障.

函数是变量变化关系最基本的数学描述,极限揭示了函数变化趋势,微积分就是以函数为研究对象,以极限为研究手段,研究变量最基础的数学理论和数学方法.本章知识在航空机电维修类、航空机械制造类等各个工科专业中都有实际运用.本章将在复习并进一步加深理解函数概念的基础上,引入函数极限概念和函数极限运算法则,为后续章节的学习做准备.

1.1　函数

✍ 提出问题

问题 1　千分表是通过齿轮或杠杆将一般的直线位移（直线运动）转换成指针的旋转运动,然后在刻度盘上进行读数的长度测量仪器.如图 1.1 所示,测量弓形零件 FAPBG 的直径时,可用图中的仪器,仪器两尖点 A、B 距离 100 mm,高度 x 从千分表读出,根据 x 读数就可算出直径 d 的大小,写出 d 与 x 之间的函数关系式.

问题 2　已知一个单三角脉冲电压,波形如图 1.2 所示,试建立电压 $U(\text{V})$ 与时间 $t(\mu s)$ 之间的函数关系.

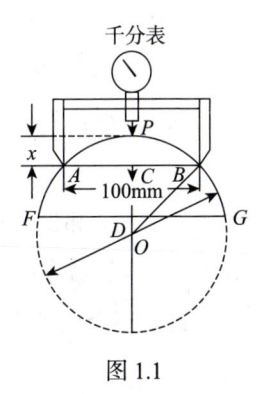

图 1.1

图 1.2

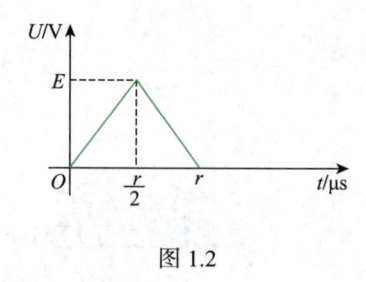

知识储备

1.1.1 区间和邻域

区间：区间是指介于两个实数之间的所有实数所形成的实数集，它是微积分中常用的实数集．设 a 和 b 为实数，且 $a<b$，数集

$$\{x\,|\,a<x<b\}$$

称为开区间，记为 (a,b)，即 $(a,b)=\{x\,|\,a<x<b\}$．其中 a 和 b 称为开区间 (a,b) 的端点．

类似可定义闭区间和半开半闭区间如下：

闭区间 $[a,b]=\{x\,|\,a\leqslant x\leqslant b\}$；

半开半闭区间 $[a,b)=\{x\,|\,a\leqslant x<b\}$，$(a,b]=\{x\,|\,a<x\leqslant b\}$．

以上区间称为有限区间，而数 $b-a$ 称为这些区间的长度．另外还可以定义无穷区间，为此引入记号 $+\infty$（读作正无穷大）及 $-\infty$（读作负无穷大），则可以定义如下无穷区间：

$(a,+\infty)=\{x\,|\,x>a\}$，$[a,+\infty)=\{x\,|\,x\geqslant a\}$；

$(-\infty,b)=\{x\,|\,x<b\}$，$(-\infty,b]=\{x\,|\,x\leqslant b\}$；

$(-\infty,+\infty)=\mathbf{R}$．

邻域：设 a 和 δ 为实数，且 $\delta>0$，数集

$$\{x\,|\,|x-a|<\delta\}$$

称为点 a 的 δ 邻域，记为 $U(a,\delta)$，如图 1.3（a）所示，即 $U(a,\delta)=\{x\,|\,|x-a|<\delta\}$．其中 a 称为邻域中心，δ 称为邻域半径．邻域是一类特殊的开区间．

有时还会用到去掉中心的邻域，即数集 $\{x\,|\,0<|x-a|<\delta\}$，称其为点 a 的 δ **去心**

邻域，记为 $\overset{\circ}{U}(a,\delta)$，如图 1.3(b) 所示．

（a） （b）

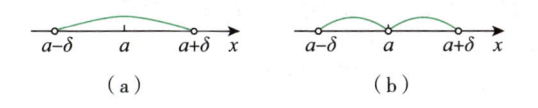

图 1.3

1.1.2 函数的定义

定义 设 D 是一个非空数集，若存在一个法则 f，使得对 D 中每个元素 x，按法则 f，都有一个确定的实数 y 与之对应，则称 y 为 x 定义在 D 上的函数，记为 $y=f(x)$．其中 x 称为自变量，y 称为因变量；数集 D 称为函数的定义域，记为 D_f，即 $D_f=D$．

对 $x_0 \in D$，按照法则 f，有确定的值 y_0 [记为 $f(x_0)$] 与之对应，称 $f(x_0)$ 为函数在点 x_0 处的函数值，还可记为 $y|_{x=x_0}$．所有函数值的集合称为函数的值域，记为 R_f，即 $R_f=\{y\,|\,y=f(x), x \in D\}$．

函数一般常用解析法、表格法和图形法来表示．解析法的优点是便于数学上的分析和计算；列表法的优点是直观、精确；图形法的优点是直观、通俗、容易比较．本书主要讨论用解析法表示的函数．

函数的定义域和对应法则是确定函数的两个要素，当两个函数的定义域和对应法则均相同时，称两个函数相等．

例 1 下列各对函数是否相同？

（1）$f(x)=\dfrac{x^2-1}{x-1}$ 与 $g(x)=x+1$；

（2）$f(x)=\lg x^2$ 与 $g(x)=2\lg|x|$．

解 （1）因为 $f(x)$ 的定义域为 $(-\infty,1)\cup(1,+\infty)$，$g(x)$ 的定义域为 $(-\infty,+\infty)$，所以 $f(x)$ 与 $g(x)$ 的定义域不同，故 $f(x)$ 与 $g(x)$ 不相同．

（2）因为 $f(x)$ 的定义域为 $(-\infty,0)\cup(0,+\infty)$，$g(x)$ 的定义域为 $(-\infty,0)\cup(0,+\infty)$，所以 $f(x)$ 与 $g(x)$ 的定义域相同．又 $f(x)=2\lg|x|$，所以 $f(x)$ 与 $g(x)$ 的对应法则相同．故 $f(x)$ 与 $g(x)$ 相同．

函数的定义域通常根据以下两种情形来确定：一种是对有实际背景的函数，根据实际背景中变量的实际意义确定. 例如在自由落体运动中，设物体下落的时间为 t，下落的距离为 s，开始下落的时刻 $t=0$，落地的时刻 $t=T$，则 s 与 t 之间的函数关系是 $s=\frac{1}{2}gt^2$，$t\in[0,T]$，则这个函数的定义域就是区间 $[0,T]$. 另一种是对抽象地用算式表达的函数，通常约定这种定义域是使得算式有意义的一切实数组成的集合，这种定义域称为函数的自然定义域. 例如函数 $y=\sqrt{1-x^2}$ 的定义域是闭区间 $[-1,1]$，函数 $y=\dfrac{1}{\sqrt{1-x^2}}$ 的定义域是开区间 $(-1,1)$.

例 2 求下列函数的定义域.

(1) $f(x)=\lg(x-1)+\sqrt{x^2-4}$；(2) $f(x)=\arcsin(x-2)+\dfrac{1}{x-3}$.

解 (1) 要使函数有意义，必须有 $\begin{cases} x-1>0 \\ x^2-4\geqslant 0 \end{cases}$，解不等式得 $\begin{cases} x>1 \\ x\leqslant -2 或 x\geqslant 2 \end{cases}$，所以 $x\geqslant 2$，故所求定义域为 $D_f=[2,+\infty)$.

(2) 要使函数有意义，必须有 $\begin{cases} |x-2|\leqslant 1 \\ x-3\neq 0 \end{cases}$，解不等式得 $\begin{cases} 1\leqslant x\leqslant 3 \\ x\neq 3 \end{cases}$，所以 $1\leqslant x<3$，故所求定义域为 $D_f=[1,3)$.

下面介绍两个常用函数.

绝对值函数：

$$y=|x|=\begin{cases} x, & x\geqslant 0 \\ -x, & x<0 \end{cases}$$

其定义域为 $D_f=(-\infty,+\infty)$，值域为 $R_f=[0,+\infty)$.

符号函数：

$$y=\operatorname{sgn} x=\begin{cases} 1, & x>0 \\ 0, & x=0 \\ -1, & x<0 \end{cases}$$

其定义域为 $D_f=(-\infty,+\infty)$，值域为 $R_f=\{-1,0,1\}$.

1.1.3 函数的四种特性

1. 有界性

设函数$f(x)$的定义域为D,数集$X \subseteq D$,若存在正数M,使对一切$x \in X$,都有$|f(x)| \leq M$,则称函数$f(x)$在X上有界,否则称函数$f(x)$在X上无界.

例如,函数$f(x) = \dfrac{1}{x}$在区间$[1, +\infty)$上有界,这是因为当$x \in [1, +\infty)$时,$\left|\dfrac{1}{x}\right| \leq 1$. 但是函数$f(x) = \dfrac{1}{x}$在区间$(0, 1)$内是无界的.

2. 单调性

设函数$f(x)$的定义域为D,区间$I \subseteq D$. 若对任意$x_1, x_2 \in I$,当$x_1 < x_2$时,恒有
$$f(x_1) < f(x_2)$$
则称函数$f(x)$在区间I上是单调增加的(图 1.4). 这时区间I称为$f(x)$的单调增加区间.

若对任意$x_1, x_2 \in I$,当$x_1 < x_2$时,恒有
$$f(x_1) > f(x_2)$$
则称函数$f(x)$在区间I上是单调减少的(图 1.5). 这时区间I称为$f(x)$的单调减少区间.

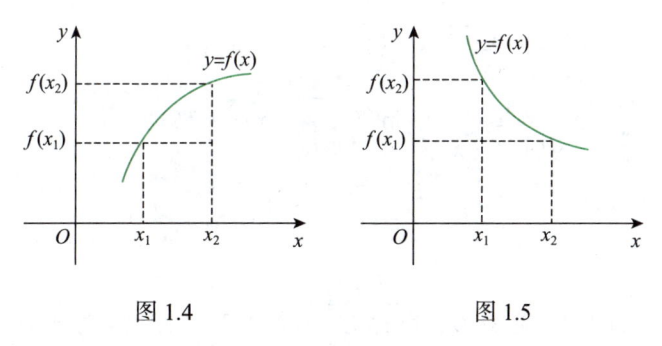

图 1.4　　　　图 1.5

单调增加和单调减少的函数统称为单调函数.

例如,函数$y = x^2$在区间$(-\infty, 0)$内是单调减少的;在区间$(0, +\infty)$内是单调增加的. 函数$y = x$,$y = x^3$在区间$(-\infty, +\infty)$内是单调增加的.

3. 奇偶性

设函数$f(x)$的定义域D关于原点对称,若对任一$x \in D$,有
$$f(-x) = -f(x)$$

则称 $f(x)$ 为奇函数．

若对任一 $x \in D$，有
$$f(-x) = f(x)$$
则称 $f(x)$ 为偶函数．

奇函数的图形（又称图像）[图 1.6（a）]关于原点对称，偶函数的图形[图 1.6（b）]关于 y 轴对称．

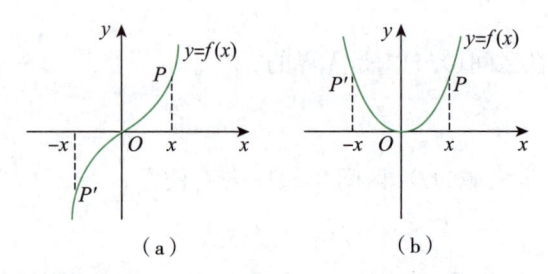

图 1.6

例如，函数 $y = \sin x$，$y = x^3$ 都是奇函数，$y = \cos x$，$y = x^2$ 都是偶函数，而 $y = \sin x + \cos x$ 是非奇非偶函数．

例 3 判断 $f(x) = \ln(\sqrt{1+x^2} - x)$ 的奇偶性．

解 因为 $f(x)$ 的定义域为 $(-\infty, +\infty)$，且
$$f(-x) = \ln\left[\sqrt{1+(-x)^2} - (-x)\right] = \ln(\sqrt{1+x^2} + x)$$
$$= \ln \frac{1}{\sqrt{1+x^2} - x} = -\ln(\sqrt{1+x^2} - x) = -f(x)$$

所以 $f(x)$ 为奇函数．

4. 周期性

设函数 $f(x)$ 的定义域 D，若存在一个正数 l，使得对于任一 $x \in D$，有 $x + l \in D$，且
$$f(x+l) = f(x)$$
则称 $f(x)$ 为周期函数，满足上式的最小正数 l 称为函数 $f(x)$ 的最小正周期．

显然若 l 为函数 $f(x)$ 的一个周期，则 $nl(n \in \mathbf{Z})$ 也为 $f(x)$ 的周期，通常所说的周期是指最小正周期．例如 $y = \sin x$，$y = \cos x$ 的周期为 2π；$y = \tan x$，$y = \cot x$ 的周期为 π．

周期函数的图形特点:在函数的定义域内,每个长度为l的区间上,函数的图形有相同的形状,如图 1.7 所示.

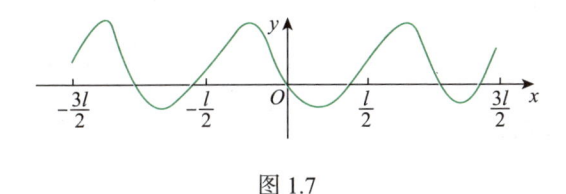

图 1.7

1.1.4 反函数

设函数$y = f(x)$的定义域为D_f,值域为R_f.若对任一$y \in R_f$,存在确定的$x \in D_f$与y对应,且满足关系式:

$$y = f(x)$$

则在R_f上定义了一个函数,称之为$y = f(x)$的反函数,记为$x = \varphi(y)$或$x = f^{-1}(y)$.而原来的函数$y = f(x)$称为直接函数.

函数$y = f(x)$,x为自变量,y为因变量,定义域为D_f,值域为R_f.

函数$x = f^{-1}(y)$,y为自变量,x为因变量,定义域为R_f,值域为D_f.

一般地,习惯用x表示自变量,y表示因变量,于是把$y = f(x)$,$x \in D_f$的反函数记为$y = f^{-1}(x)$,$x \in R_f$.

函数$y = f(x)$与它的反函数关于直线$y = x$对称,如图 1.8 所示.

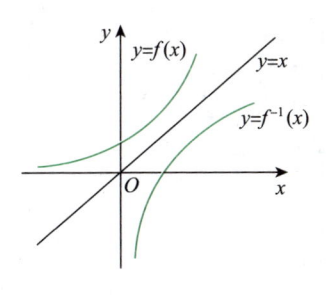

图 1.8

例 4 求函数$y = \dfrac{e^x - e^{-x}}{2}$的反函数.

解 由$y = \dfrac{e^x - e^{-x}}{2}$得 $2y = e^x - e^{-x}$,即 $(e^x)^2 - 2ye^x - 1 = 0$.

于是 $e^x = \dfrac{2y + \sqrt{4y^2+4}}{2} = y + \sqrt{1+y^2}$，$x = \ln(y + \sqrt{1+y^2})$．

故所求反函数为 $y = \ln(x + \sqrt{1+x^2})$．

1.1.5 初等函数

1. 基本初等函数

常数函数、幂函数、指数函数、对数函数、三角函数、反三角函数这六类函数叫作基本初等函数．

（1）**常数函数** $y = c$（c 为常数）．

常数函数的定义域为 $(-\infty, +\infty)$，图形是过点（0，c）平行于 x 轴的一条水平直线，是偶函数．

（2）**幂函数** $y = x^\alpha$（$\alpha \in \mathbf{R}$）．

幂函数的情况比较复杂，我们分 $\alpha > 0$ 和 $\alpha < 0$ 两种情况来讨论．

当 α 取不同值时，幂函数的定义域不同，为了便于比较，我们只讨论 $x \geq 0$ 的情况，而 $x < 0$ 时的图形可根据函数的奇偶性确定．

当 $\alpha > 0$ 时，函数的图形通过原点（0，0）和点（1，1），在 $(0, +\infty)$ 内单调增加且无界，如图 1.9（a）所示．当 $\alpha < 0$ 时，图形不过原点，但仍通过点（1，1），在 $(0, +\infty)$ 内单调减少、无界，以 x 轴和 y 轴为渐近线，如图 1.9（b）所示．

（a）

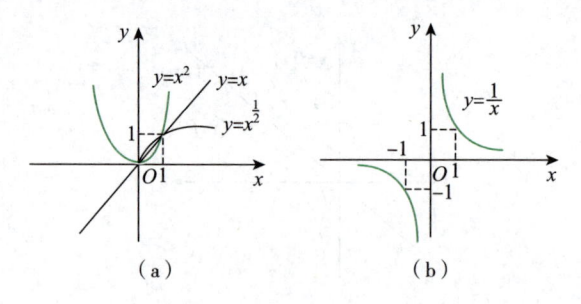

（b）

图 1.9

以后，会经常用到下面的运算规则：

① $x^0 = 1$（$x \neq 0$）；　　② $x^n = \underbrace{x \cdot x \cdot \cdots \cdot x}_{n\uparrow x}$，$n$ 为正整数；

③ $x^{\frac{m}{n}} = \sqrt[n]{x^m}$（$m$，$n$ 为正整数）；　　④ $x^{-\alpha} = \dfrac{1}{x^\alpha}$（$\alpha \in \mathbf{R}$）；

⑤ $x^\alpha \cdot x^\beta = x^{\alpha+\beta}$ $(\alpha, \beta \in \mathbf{R})$； ⑥ $\dfrac{x^\alpha}{x^\beta} = x^{\alpha-\beta}$ $(\alpha, \beta \in \mathbf{R})$；

⑦ $(x^\alpha)^\beta = x^{\alpha\beta}$ $(\alpha, \beta \in \mathbf{R})$．

注 上述函数都在定义区间内进行运算．

例 5 化简下列各式为标准幂函数 x^α 形式．

（1） $x^2 \cdot \sqrt[5]{x^4}$；

（2） $\dfrac{\sqrt[3]{x^2}}{\sqrt{x}}$；

（3） $\dfrac{1}{x^2\sqrt{x}}$；

（4） $\sqrt[3]{x^2\sqrt{x}}$．

解 （1） $x^2 \cdot \sqrt[5]{x^4} = x^{2+\frac{4}{5}} = x^{\frac{14}{5}}$；

（2） $\dfrac{\sqrt[3]{x^2}}{\sqrt{x}} = x^{\frac{2}{3}-\frac{1}{2}} = x^{\frac{1}{6}}$；

（3） $\dfrac{1}{x^2\sqrt{x}} = \dfrac{1}{x^{2+\frac{1}{2}}} = x^{-\frac{5}{2}}$；

（4） $\sqrt[3]{x^2\sqrt{x}} = \sqrt[3]{x^{2+\frac{1}{2}}} = \left(x^{\frac{5}{2}}\right)^{\frac{1}{3}} = x^{\frac{5}{2} \times \frac{1}{3}} = x^{\frac{5}{6}}$．

（3）**指数函数** $y = a^x (a > 0, a \neq 1)$．

指数函数的定义域为 $(-\infty, +\infty)$，因为无论 x 取何值，总有 $a^x > 0$，且 $a^0 = 1$，所以它的图形全部在 x 轴上方，且通过点（0,1），也就是说，它的值域为 $(0, +\infty)$．

当 $a > 1$ 时，函数单调增加且无界，图形以 x 轴负半轴为渐近线；当 $0 < a < 1$ 时，函数单调减少且无界，图形以 x 轴正半轴为渐近线．其图形如图 1.10 所示．

应特别注意指数函数与幂函数的区别：在幂函数 $y = x^\alpha$ 中，自变量 x 在底数的位置，指数 α 是常数；而在指数函数 $y = a^x$ 中，自变量 x 在指数位置，底数的位置是常数 a．

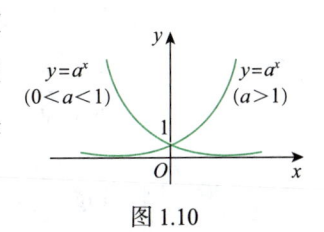

图 1.10

以后，我们会经常用到下面的指数函数运算规则：

① $a^0 = 1$；   ② $a^x \cdot a^y = a^{x+y}$；

③ $\dfrac{a^x}{a^y} = a^{x-y}$；   ④ $(a^x)^y = a^{xy}$；

⑤ $(a \cdot b)^x = a^x \cdot b^x$.

（4）**对数函数** $y = \log_a x \, (a > 0, a \neq 1)$.

对数函数的定义域是 $(0, +\infty)$，图形全部在 y 轴右方，值域是 $(-\infty, +\infty)$，如图 1.11 所示. 对数函数 $y = \log_a x$ 是指数函数 $y = a^x$ 的反函数. 无论 a 取何值，曲线都过点（1，0）.

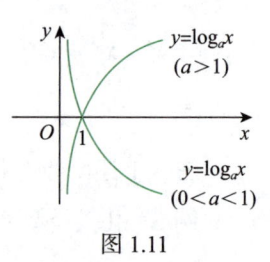

图 1.11

当 $a > 1$ 时，函数单调增加且无界，图形以 y 轴负半轴为渐近线；当 $0 < a < 1$ 时，函数单调减少且无界，图形以 y 轴正半轴为渐近线.

以无理数 e = 2.718281828… 为底的对数函数 $y = \log_e x$ 称为自然对数函数，简记为 $y = \ln x$，它是微积分中常用的函数.

注 指数函数与对数函数互为反函数.

下面的对数函数运算规则也是我们经常用到的：

① $\log_a 1 = 0$；

② $\log_a a^x = x$；

③ $\log_a (x \cdot y) = \log_a x + \log_a y$；

④ $\log_a \dfrac{x}{y} = \log_a x - \log_a y$；

⑤ $\log_a x^b = b \log_a x$；

⑥ $a^{\log_a x} = x$；

⑦ $\log_a x = \dfrac{\log_b x}{\log_b a}$；

⑧ $y = a^x = e^{\ln a^x} = e^{x \ln a}$.

例6 已知 $\log_a x = 3$，$\log_a y = -1$，求下列各对数.

（1）$\log_a x^3 \cdot \log_a y^2$；

（2）$\log_a (x^3 \cdot y^2)$；

（3）$\dfrac{\log_a x^5}{\log_a y^3}$；

（4）$\log_a \dfrac{x^5}{y^3}$.

解 （1）$\log_a x^3 \cdot \log_a y^2 = (3 \log_a x) \cdot (2 \log_a y) = 9 \times (-2) = -18$；

（2）$\log_a (x^3 \cdot y^2) = \log_a x^3 + \log_a y^2 = 3 \log_a x + 2 \log_a y = 7$；

（3）$\dfrac{\log_a x^5}{\log_a y^3} = \dfrac{5 \log_a x}{3 \log_a y} = \dfrac{15}{-3} = -5$；

（4）$\log_a \dfrac{x^5}{y^3} = \log_a x^5 - \log_a y^3 = 5 \log_a x - 3 \log_a y = 15 - (-3) = 18$.

（5）**三角函数**.

三角函数有六个：正弦函数 $y = \sin x$、余弦函数 $y = \cos x$、正切函数 $y = \tan x$、

余切函数$y = \cot x$、正割函数$y = \sec x$和余割函数$y = \csc x$.

1）正弦函数$y = \sin x$的定义域为$(-\infty, +\infty)$，值域为$[-1, 1]$，奇函数，以2π为周期，有界，其图形如图1.12所示.

2）余弦函数$y = \cos x$的定义域为$(-\infty, +\infty)$，值域为$[-1, 1]$，偶函数，以2π为周期，有界，其图形如图1.13所示.

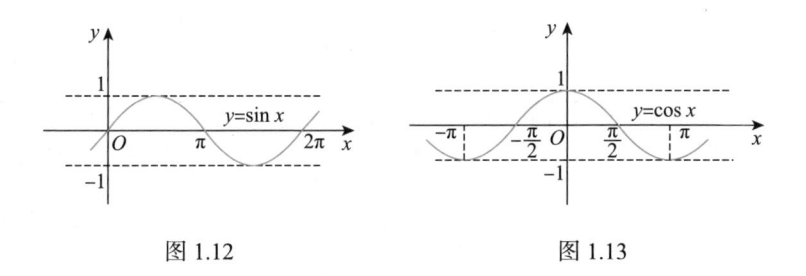

图 1.12

图 1.13

3）正切函数$y = \tan x$的定义域为$x \neq k\pi + \dfrac{\pi}{2}(k \in \mathbf{Z})$，值域为$(-\infty, +\infty)$，奇函数，以$\pi$为周期，在每一个周期内单调增加，以直线$x = k\pi + \dfrac{\pi}{2}(k \in \mathbf{Z})$为渐近线，其图形如图1.14所示.

4）余切函数$y = \cot x$的定义域为$x \neq k\pi(k \in \mathbf{Z})$，值域为$(-\infty, +\infty)$，奇函数，以$\pi$为周期，在每一个周期内单调减少，以直线$x = k\pi(k \in \mathbf{Z})$为渐近线，其图形如图1.15所示.

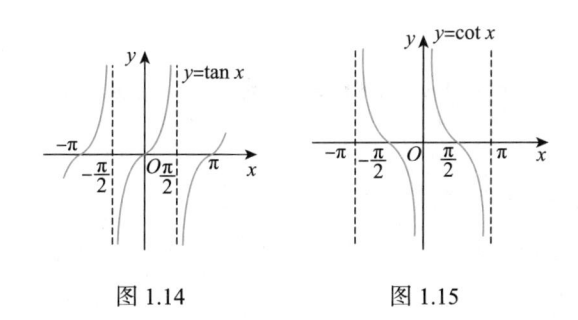

图 1.14

图 1.15

5）正割函数$y = \sec x$. 正割函数与余弦函数的关系如下：

$$\sec x = \frac{1}{\cos x}$$

6）余割函数$y = \csc x$. 余割函数与正弦函数的关系如下：

$$\csc x = \frac{1}{\sin x}$$

特殊角的三角函数值见表 1.1.

表 1.1　特殊角的三角函数值

x 值 三角函数	0	$\dfrac{\pi}{6}$	$\dfrac{\pi}{4}$	$\dfrac{\pi}{3}$	$\dfrac{\pi}{2}$	$\dfrac{2\pi}{3}$	$\dfrac{3\pi}{4}$	$\dfrac{5\pi}{6}$	π
$\sin x$	0	$\dfrac{1}{2}$	$\dfrac{\sqrt{2}}{2}$	$\dfrac{\sqrt{3}}{2}$	1	$\dfrac{\sqrt{3}}{2}$	$\dfrac{\sqrt{2}}{2}$	$\dfrac{1}{2}$	0
$\cos x$	1	$\dfrac{\sqrt{3}}{2}$	$\dfrac{\sqrt{2}}{2}$	$\dfrac{1}{2}$	0	$-\dfrac{1}{2}$	$-\dfrac{\sqrt{2}}{2}$	$-\dfrac{\sqrt{3}}{2}$	-1
$\tan x$	0	$\dfrac{\sqrt{3}}{3}$	1	$\sqrt{3}$	不存在	$-\sqrt{3}$	-1	$-\dfrac{\sqrt{3}}{3}$	0
$\cot x$	不存在	$\sqrt{3}$	1	$\dfrac{\sqrt{3}}{3}$	0	$-\dfrac{\sqrt{3}}{3}$	-1	$-\sqrt{3}$	不存在

常见的三角函数的关系如下．

1）倒数关系：
$$\cot x = \frac{1}{\tan x},\ \csc x = \frac{1}{\sin x},\ \sec x = \frac{1}{\cos x}$$

2）平方关系：
$$\sin^2 x + \cos^2 x = 1,\ 1 + \tan^2 x = \sec^2 x,\ 1 + \cot^2 x = \csc^2 x$$

3）倍角公式：
$$\sin 2x = 2\sin x \cos x$$
$$\cos 2x = \cos^2 x - \sin^2 x = 2\cos^2 x - 1 = 1 - 2\sin^2 x$$

4）诱导公式：
$$\sin(\pi + x) = -\sin x \qquad \sin(\pi - x) = \sin x$$
$$\cos(\pi + x) = -\cos x \qquad \cos(\pi - x) = -\cos x$$
$$\sin\left(\frac{\pi}{2} + x\right) = \cos x \qquad \sin\left(\frac{\pi}{2} - x\right) = \cos x$$
$$\cos\left(\frac{\pi}{2} + x\right) = -\sin x \qquad \cos\left(\frac{\pi}{2} - x\right) = \sin x$$

（6）**反三角函数**.

反三角函数有四个：反正弦函数 $y = \arcsin x$、反余弦函数 $y = \arccos x$、反正切函数 $y = \arctan x$、反余切函数 $y = \text{arccot}\, x$. 它们是作为相应三角函数的反函数定义出来的.

1）$y = \arcsin x$ 的含义是正弦值等于 x 的角，与三角函数相反，这里自变量 x 表示正弦值，而 y 表示角，准确地说，是角的弧度数. 为了避免 $y = \arcsin x$ 的多值性，我们限定了一个区间 $\left[-\dfrac{\pi}{2}, \dfrac{\pi}{2}\right]$，叫作反正弦函数的主值区间，而小写字母的符号 $\arcsin x$ 则表示主值区间内的反正弦.

类似地，对其他几种反三角函数都规定了相应的主值区间，保证了它们的单值性. 当然由于函数的性质不同，它们的主值区间也不同.

函数 $y = \arcsin x$ 的定义域是 $[-1, 1]$，值域是 $\left[-\dfrac{\pi}{2}, \dfrac{\pi}{2}\right]$，单调增加，奇函数，有界，$\arcsin(-x) = -\arcsin x$.

2）函数 $y = \arccos x$ 的定义域是 $[-1, 1]$，值域是 $[0, \pi]$，单调减少，非奇非偶函数，有界，$\arccos(-x) = \pi - \arccos x$.

3）函数 $y = \arctan x$ 的定义域是 $(-\infty, +\infty)$，值域是 $\left(-\dfrac{\pi}{2}, \dfrac{\pi}{2}\right)$，单调增加，奇函数，有界，$\arctan(-x) = -\arctan x$.

4）函数 $y = \text{arccot}\, x$ 的定义域是 $(-\infty, +\infty)$，值域是 $(0, \pi)$，单调减少，非奇非偶函数，有界，$\text{arccot}(-x) = \pi - \text{arccot}\, x$.

它们的图形如图 1.16 所示.

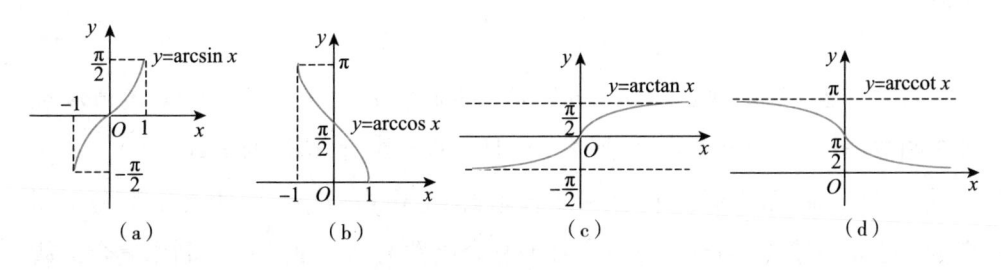

图 1.16

部分特殊值的反三角函数值见表 1.2.

表 1.2　部分特殊值的反三角函数值

x	0	1	$\dfrac{1}{2}$	$\dfrac{\sqrt{2}}{2}$	$\dfrac{\sqrt{3}}{2}$	$\dfrac{\sqrt{3}}{3}$	$\sqrt{3}$	-1
$\arcsin x$	0	$\dfrac{\pi}{2}$	$\dfrac{\pi}{6}$	$\dfrac{\pi}{4}$	$\dfrac{\pi}{3}$	—	—	$-\dfrac{\pi}{2}$
$\arccos x$	$\dfrac{\pi}{2}$	0	$\dfrac{\pi}{3}$	$\dfrac{\pi}{4}$	$\dfrac{\pi}{6}$	—	—	π
$\arctan x$	0	$\dfrac{\pi}{4}$	—	—	—	$\dfrac{\pi}{6}$	$\dfrac{\pi}{3}$	$-\dfrac{\pi}{4}$
$\text{arccot}\, x$	$\dfrac{\pi}{2}$	$\dfrac{\pi}{4}$	—	—	—	$\dfrac{\pi}{3}$	$\dfrac{\pi}{6}$	$\dfrac{3\pi}{4}$

例 7　求下列反三角函数值：

（1）$\arcsin\dfrac{\sqrt{2}}{2}$；　　　（2）$\arccos\left(-\dfrac{1}{2}\right)$；　　　（3）$\arctan\left(-\dfrac{\sqrt{3}}{3}\right)$.

解　（1）因为 $\sin\dfrac{\pi}{4}=\dfrac{\sqrt{2}}{2}$，所以 $\arcsin\dfrac{\sqrt{2}}{2}=\dfrac{\pi}{4}$；

（2）$\arccos\left(-\dfrac{1}{2}\right)=\pi-\arccos\dfrac{1}{2}=\pi-\dfrac{\pi}{3}=\dfrac{2\pi}{3}$；

（3）$\arctan\left(-\dfrac{\sqrt{3}}{3}\right)=-\arctan\dfrac{\sqrt{3}}{3}=-\dfrac{\pi}{6}$.

注意，根据反三角函数的定义，这里所求的反三角函数的值一定要在相应的主值区间之内.

2. 复合函数

如果 y 是 u 的函数 $y=f(u)$，u 又是 x 的函数 $u=g(x)$，且 $u=g(x)$ 的值域包含在函数 $y=f(u)$ 的定义域内，那么 y 也是 x 的函数，称这样的函数为 $y=f(u)$ 与 $u=g(x)$ 复合而成的函数，简称为复合函数，记作 $y=f(g(x))$，其中 u 称为中间变量. 例如，函数 $y=\sin u$ 与 $u=x^2+1$ 的复合函数为 $y=\sin(x^2+1)$. 利用复合函数的概念，可以将一个复杂的函数看成由几个简单函数复合而成，以便于对函数进行研究. 例如函数 $y=\sin \mathrm{e}^{x+1}$ 可以看成由 $y=\sin u$，$u=\mathrm{e}^v$，$v=x+1$ 三个函数复合而成.

例 8 指出下列函数的复合过程：

（1）$y = \sqrt{2x^2 + x + 5}$； （2）$y = Ae^{-\beta t} (\beta > 0)$；

（3）$y = \sin(\ln x)$； （4）$y = (\arctan \sqrt{x})^2$.

解 （1）$y = \sqrt{2x^2 + x + 5}$ 由 $y = \sqrt{u}$ 与 $u = 2x^2 + x + 5$ 复合而成；

（2）$y = Ae^{-\beta t} (\beta > 0)$ 由 $y = Ae^u$，$u = -\beta t$ 复合而成；

（3）$y = \sin(\ln x)$ 由 $y = \sin u$ 与 $u = \ln x$ 复合而成；

（4）$y = (\arctan \sqrt{x})^2$ 由 $y = u^2$，$u = \arctan v$，$v = \sqrt{x}$ 复合而成.

3. 初等函数

由基本初等函数和常数经过有限次四则运算和有限次复合步骤所构成的，并能用一个解析式表示的函数叫作**初等函数**.

例如：$y = \ln(\sin x)$，$y = e^{3x} + \sin(1 - x^2)$ 等都是初等函数. 以后大家遇到的大部分函数都是初等函数.

1.1.6 建立函数关系举例

数学模型思想的建立是体会和理解数学与外部世界联系的基本途径. 建立和求解模型的过程：从现实生活或具体情境中抽象出数学问题，用数学符号建立方程、不等式、函数等表示数学问题中的数量关系和变化规律，求出结果并讨论结果的意义.

给问题建立适当数学模型,确定变量函数关系的步骤如下：

（1）分析出问题中的常量与变量，分别用字母表示；

（2）根据所给条件,运用数学、物理等相关知识,确定等量关系；

（3）写出函数解析式，指明定义域.

例 9 如图 1.17 所示，一块边长为 a 的正方形铁皮，四角各截去一个边长为 x 的小正方形，然后四边折起做成一个无盖的容器，求容器容积与 x 之间的函数关系.

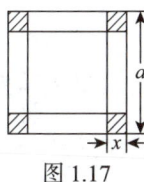

图 1.17

解 设容积为 V，容器的容积为 $V = (a - 2x)^2 x$. 因为截去的小正方形的边长必须满足 $0 < x < \dfrac{a}{2}$，所以函数的定义域为 $\left(0, \dfrac{a}{2}\right)$.

例 10 由材料力学知识可知，矩形截面梁抵抗弯曲的强度同它的横截面高 h 的平方和宽 x 的积成正比，即抗弯强度 $W = kxh^2$，其中 k 为比例系数，x 和 h 分别为梁的宽和高．现欲将直径为 d 的原木锯成矩形截面梁，如图 1.18 所示，试建立矩形截面梁抗弯强度 W 与截面梁的横截面宽度 x 的函数关系式．

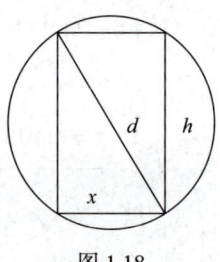

图 1.18

> **解** 设截面梁的横截面宽度为 x，高度为 h，则有 $h^2 = d^2 - x^2$，代入抗弯强度公式，得
> $$W = kx(d^2 - x^2) = kd^2x - kx^3$$
> 所以，矩形截面梁抗弯强度 W 与梁的横截面宽度 x 的函数关系式为
> $$W = kd^2x - kx^3 \quad (0 < x < d)$$

✎ 解决问题

解 问题 1 设 $PC = x$，得 $OC = \dfrac{d}{2} - x$．

在直角三角形 BOC 中，$BC^2 = BO^2 - OC^2$，即 $50^2 = \left(\dfrac{d}{2}\right)^2 - \left(\dfrac{d}{2} - x\right)^2$，得：$d = \dfrac{2500}{x} + x$．

问题 2 U 随时间变化规律在不同的时间段内是各不相同的，所以下面分段进行求解．当 $0 \leq t < \tau/2$ 时，函数图形是连接原点 $(0, 0)$ 与点 $(\tau/2, E)$ 的直线段，其方程为

$$U = \dfrac{E}{\dfrac{\tau}{2}} \cdot t, \text{ 即 } U = \dfrac{2E}{\tau} t$$

当 $\tau/2 \leq t < \tau$ 时，函数图形是连接点 $(\tau/2, E)$ 与点 $(\tau, 0)$ 的直线段，其方程为

$$U - 0 = \dfrac{E - 0}{\dfrac{\tau}{2} - \tau} \cdot (t - \tau), \text{ 即 } U = -\dfrac{2E}{\tau}(t - \tau)$$

当 $t \geq \tau$ 时，函数的图形是点 $(\tau, 0)$ 以右的 x 轴，其方程为

$$U = 0$$

故分段函数关系为

$$U = \begin{cases} \dfrac{2E}{\tau}t, & 0 \leq t < \dfrac{\tau}{2} \\ -\dfrac{2E}{\tau}(t-\tau), & \dfrac{\tau}{2} \leq t < \tau \\ 0, & t \geq \tau \end{cases}$$

巩固练习

习题 1.1

1. 求下列函数的定义域：

（1）$y = \dfrac{1}{x+2}$；

（2）$y = \dfrac{1}{x^2 - 2x}$；

（3）$y = \sqrt{3x - 6}$；

（4）$y = \sqrt{x^2 - 16}$；

（5）$y = \dfrac{1}{x-6} + \sqrt{x-3}$；

（6）$y = \dfrac{1}{x-2} + \ln(x-1)$.

2. 设函数 $f(x) = \dfrac{1}{x}\sin\dfrac{1}{x}$，求 $f\left(\dfrac{2}{\pi}\right), f(x+1)$.

3. 求下列反三角函数值：

（1）$\arcsin\left(-\dfrac{1}{2}\right)$；

（2）$\arccos\left(-\dfrac{\sqrt{3}}{2}\right)$；

（3）$\arctan(-\sqrt{3})$；

（4）$\operatorname{arccot}\left(-\dfrac{\sqrt{3}}{3}\right)$.

4. 指出下列函数的复合过程：

（1）$y = \sqrt{x^3 + 6x + 9}$；

（2）$y = \mathrm{e}^{-t} \ (t > 0)$；

（3）$y = \mathrm{e}^{\sin 2x}$；

（4）$y = 2\sin\sqrt{1 - x^2}$.

5. 如图 1.19 所示，某航空企业要制造一种容积为 V 的圆柱形航空煤油罐，试建立铁皮使用面积 S 与底圆半径 r 的函数关系式.

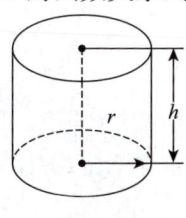

图 1.19

6. 如图 1.20 为由电池和外电阻 R 构成的闭合电路, 电池电动势为 E、内电阻为 r。当 E 与 r 已知时, 试建立输出功率 P 与外电阻的函数关系式.

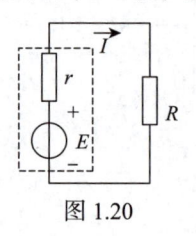

图 1.20

1.2 极限的概念

📝 提出问题

问题 电工学中, 在电容器长时间不用的情况下要对其放电, 根据电容器放电的时间与电流的图形 (图 1.21), 请说出电容器科学放电的方法.

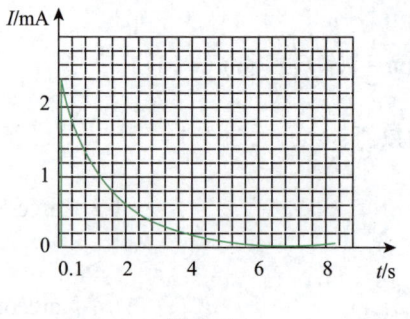

图 1.21

📝 知识储备

极限是高等数学中最主要的概念之一, 是研究微积分学的重要工具. 在数学史上, 微积分学的产生过程正是人类对极限思想的认识逐渐加深、逐渐明确的过程, 我们古代著名的"一尺之棰, 日取其半, 万世不竭"的论断就是极限思想的体现.

1.2.1 数列的极限

定义 1 在正整数集合上的函数 $y = f(n)$, 当自变量 n 按 1, 2, 3, … 依次增大的顺序取值时，得到一列有次序的函数值：
$$f(1)=x_1, f(2)=x_2, f(3)=x_3, \cdots, f(n)=x_n, \cdots$$
这一列有次序的数就叫作数列，记为 $\{x_n\}$，其中第 n 项 x_n 称为数列的一般项或通项．例如：

$$\frac{1}{2}, \frac{2}{3}, \frac{3}{4}, \cdots, \frac{n}{n+1}, \cdots$$

$$3, 3^2, 3^3, \cdots, 3^n, \cdots$$

$$\frac{1}{3}, \frac{1}{3^2}, \frac{1}{3^3}, \cdots, \frac{1}{3^n}, \cdots$$

$$-1, 1, -1, \cdots, (-1)^n, \cdots$$

$$2, \frac{1}{2}, \frac{4}{3}, \cdots, \frac{n+(-1)^{n-1}}{n}, \cdots$$

都是数列，它们的通项分别为 $\dfrac{n}{n+1}$，3^n，$\dfrac{1}{3^n}$，$(-1)^n$，$\dfrac{n+(-1)^{n-1}}{n}$．

下面我们通过一个例子引出极限的概念．

观察数列 $\{x_n\}=\left\{\dfrac{n+(-1)^{n-1}}{n}\right\}$：$2, \dfrac{1}{2}, \dfrac{4}{3}, \cdots, \dfrac{n+(-1)^{n-1}}{n}, \cdots$ 当 n 无限增大时的变化趋势．

因为 $|x_n-1|=\left|\dfrac{(-1)^{n-1}}{n}\right|=\dfrac{1}{n}$，易见，当 n 越来越大时，$\dfrac{1}{n}$ 越来越小，从而 x_n 就越来越接近 1.

📢 **定义 2** 对于数列 $\{x_n\}$，当项数 n 无限增大时，如果 x_n 无限地趋近一个常数 A，那么称当 n 趋于无穷大时，常数 A 为数列 $\{x_n\}$ 的极限，记作：$\lim\limits_{n\to\infty} x_n = A$ 或 $x_n \to A(n\to\infty)$．

例 1 用极限表示下列数列并判断它们的极限值．

（1）$\dfrac{1}{2}, \dfrac{2}{3}, \dfrac{3}{4}, \cdots, \dfrac{n}{n+1}, \cdots$； （2）$\dfrac{1}{3}, \dfrac{1}{3^2}, \dfrac{1}{3^3}, \cdots, \dfrac{1}{3^n}, \cdots$；

（3）$-1, 1, -1, \cdots, (-1)^n, \cdots$； （4）$3, 3^2, 3^3, \cdots, 3^n, \cdots$．

解　（1）$\lim\limits_{n\to\infty}\dfrac{n}{n+1}=1$；　　　　（2）$\lim\limits_{n\to\infty}\dfrac{1}{3^n}=0$；

　　　（3）极限不存在；　　　　　　（4）$\lim\limits_{n\to\infty} 3^n = +\infty$．

1.2.2 函数的极限

1. 自变量 x 趋于无穷大（$x \to \infty$）时的极限

📢 **定义 3** 如果当 x 绝对值无限增大（即 $x \to \infty$）时，函数 $f(x)$ 无限接近于一个确定的常数 A，则 A 称为函数 $f(x)$ 当 $x \to \infty$ 时的极限，记为

$$\lim_{x \to \infty} f(x) = A \text{ 或当 } x \to \infty \text{ 时}, f(x) \to A$$

自变量 x 绝对值无限增大（$x \to \infty$）指的是既取正值无限增大（记 $x \to +\infty$），同时也取负值而绝对值无限增大（记为 $x \to -\infty$）。

📢 **定义 4** 如果当 $x \to +\infty$（或 $x \to -\infty$）时，函数 $f(x)$ 无限接近于一个确定常数 A，那么就称 A 为函数 $f(x)$ 当 $x \to +\infty$（或 $x \to -\infty$）时的极限，记为

$$\lim_{x \to +\infty} f(x) = A \text{ 或 } \lim_{x \to -\infty} f(x) = A$$

➡ **定理 1** $\lim\limits_{x \to \infty} f(x) = A$ 的充要条件是 $\lim\limits_{x \to +\infty} f(x) = \lim\limits_{x \to -\infty} f(x) = A$。

例 2 当 $x \to \infty$ 时，求函数 $f(x) = \dfrac{1}{x}$ 的极限。

解 根据图 1.22 可知，$\lim\limits_{x \to +\infty} \dfrac{1}{x} = \lim\limits_{x \to -\infty} \dfrac{1}{x} = 0$，所以 $\lim\limits_{x \to \infty} \dfrac{1}{x} = 0$。

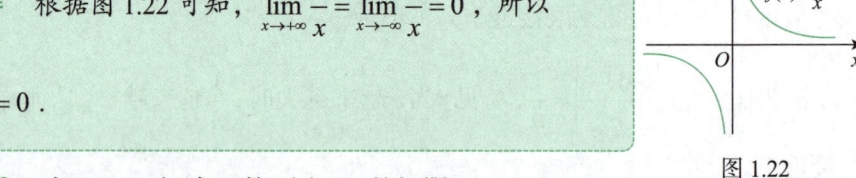

图 1.22

例 3 当 $x \to \infty$ 时，求函数 $f(x) = e^x$ 的极限。

解 由图 1.23 可知，$\lim\limits_{x \to +\infty} e^x = +\infty$ 而 $\lim\limits_{x \to -\infty} e^x = 0$，所以 $f(x) = e^x$ 当 $x \to \infty$ 时没有极限。

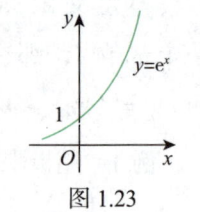

图 1.23

例 4 讨论当 $x \to \infty$ 时，函数 $f(x) = \arctan x$ 的极限。

解 由图 1.24 可知：

$$\lim_{x \to -\infty} \arctan x = -\frac{\pi}{2}, \quad \lim_{x \to +\infty} \arctan x = \frac{\pi}{2}$$

所以 $x \to \infty$ 时，函数 $f(x) = \arctan x$ 的极限不存在。

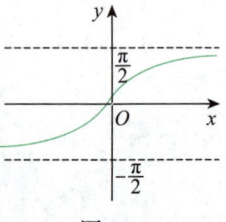

图 1.24

2. 自变量 x 趋于有限数 $(x \to x_0)$ 时的极限

📢 定义 5 如果当 x 无限接近于定值 x_0，即 $x \to x_0$ 时，函数 $f(x)$ 无限接近于一个确定的常数 A，那么 A 称为函数 $f(x)$ 当 $x \to x_0$ 时的极限，记为

$$\lim_{x \to x_0} f(x) = A \text{ 或当 } x \to x_0 \text{ 时}, f(x) \to A$$

例如：函数 $f(x) = x + 1$，当自变量 x 越来越接近于 2 时，函数越来越接近于 3，函数 $f(x) = \dfrac{x^2 - 1}{x - 1}$，当自变量 x 越来越接近于 1 时，函数越来越接近于 2，它们的极限分别为

$$\lim_{x \to 2}(x+1) = 3, \ \lim_{x \to 1}\frac{x^2-1}{x-1} = 2$$

3. 当 $x \to x_0$ 时，$f(x)$ 的左、右极限

📢 定义 6 如果当 x 从 x_0 左侧无限接近于 x_0（记为 $x \to x_0^-$ 或 $x \to x_0 - 0$）时，函数 $f(x)$ 无限接近于一个确定常数 A，那么 A 称为函数 $f(x)$ 当 $x \to x_0$ 时的左极限，记为

$$\lim_{x \to x_0^-} f(x) = A \text{ 或 } f(x_0 - 0) = A$$

如果当 x 从 x_0 右侧无限接近于 x_0（记为 $x \to x_0^+$ 或 $x \to x_0 + 0$）时，函数 $f(x)$ 无限接近于一个确定的常数 A，那么 A 称为函数 $f(x)$ 当 $x \to x_0$ 时的右极限，记为

$$\lim_{x \to x_0^+} f(x) = A \text{ 或 } f(x_0 + 0) = A$$

➡ 定理 2 $\lim\limits_{x \to x_0} f(x) = A$ 的充要条件：

$$\lim_{x \to x_0^-} f(x) = \lim_{x \to x_0^+} f(x) = A$$

例 5 讨论函数 $f(x) = \begin{cases} x-1, & x < 0 \\ 0, & x = 0 \\ x+1, & x > 0 \end{cases}$ 当 $x \to 0$ 时的极限．

解 $\lim\limits_{x \to 0^-} f(x) = \lim\limits_{x \to 0^-}(x-1) = -1$

$\lim\limits_{x \to 0^+} f(x) = \lim\limits_{x \to 0^+}(x+1) = 1$

因为 $\lim\limits_{x \to 0^-} f(x) = \lim\limits_{x \to 0^-}(x-1) = -1 \neq \lim\limits_{x \to 0^+} f(x) = \lim\limits_{x \to 0^+}(x+1) = 1$

所以 $\lim\limits_{x \to 0} f(x)$ 不存在．

1.2.3 无穷大与无穷小

1. 无穷小的定义

定义 7 如果当 $x \to x_0$（或 $x \to \infty$）时，函数 $f(x)$ 的极限为零，那么函数 $f(x)$ 叫作当 $x \to x_0$（或 $x \to \infty$）时的无穷小量，简称为无穷小．

例如：$\lim\limits_{x \to \infty} \dfrac{1}{x} = 0$，函数 $y = \dfrac{1}{x}$ 当 $x \to \infty$ 是无穷小．

$\lim\limits_{t \to +\infty} e^{-\beta t} = 0 \, (\beta > 0)$，指数衰减函数 $y = e^{-\beta t} \, (\beta > 0)$，当 $t \to +\infty$ 时，是无穷小．

注 （1）说一个函数是无穷小时，必须指明自变量变化趋势．

（2）绝对值很小的非零常数不是无穷小，如 0.0000000000001 不是无穷小，它的极限不是 0．

（3）常数 0 是无穷小．

2. 无穷大的定义

定义 8 如果当 $x \to x_0$（或 $x \to \infty$）时，函数 $f(x)$ 的绝对值无限增大，那么函数 $f(x)$ 叫作当 $x \to x_0$（或 $x \to \infty$）时的无穷大量，简称为无穷大．

虽然其极限是不存在的，但仍记为 $\lim\limits_{\substack{x \to x_0 \\ (x \to \infty)}} f(x) = \infty$．

正、负无穷大，分别记为 $\lim\limits_{\substack{x \to x_0 \\ (x \to \infty)}} f(x) = +\infty$ 与 $\lim\limits_{\substack{x \to x_0 \\ (x \to \infty)}} f(x) = -\infty$．

例如当 $x \to 0$ 时，$\dfrac{1}{x}$ 是一个无穷大，记为 $\lim\limits_{x \to 0} \dfrac{1}{x} = \infty$．

当 $x \to +\infty$ 时，$y = 2^x$ 是一个正无穷大，记为 $\lim\limits_{x \to +\infty} 2^x = +\infty$．

当 $x \to 0^+$ 时，$y = \ln x$ 是一个负无穷大，记为 $\lim\limits_{x \to 0^+} \ln x = -\infty$．

注 （1）说一个函数是无穷大时，必须指明自变量变化趋势．

（2）绝对值很大的常数不是无穷大．

3. 无穷小的性质

性质 1 有限个无穷小的代数和仍是无穷小．

性质 2 有限个无穷小的乘积仍是无穷小．

性质 3 有界函数与无穷小的乘积仍是无穷小．

例 6 求 $\lim\limits_{x \to \infty} \dfrac{\sin x}{x}$．

> **解** 因为 $\dfrac{1}{x}$ 是 $x\to\infty$ 时的无穷小，而 $|\sin x|\leqslant 1$ 是有界函数，所以 $\dfrac{\sin x}{x}$ 是 $x\to\infty$ 时的无穷小，$\lim\limits_{x\to\infty}\dfrac{\sin x}{x}=0$.

例 7 求 $\lim\limits_{x\to\infty}\dfrac{\arctan x}{x^2}$.

> **解** 因为 $\dfrac{1}{x^2}$ 是 $x\to\infty$ 时的无穷小，而 $|\arctan x|<\dfrac{\pi}{2}$ 是有界函数，所以 $\dfrac{\arctan x}{x^2}$ 是 $x\to\infty$ 时的无穷小，$\lim\limits_{x\to\infty}\dfrac{\arctan x}{x^2}=0$.

4. 无穷小与无穷大的关系

▶ **定理 3** 在自变量的同一变化过程中，若 $f(x)$ 是无穷大，则 $\dfrac{1}{f(x)}$ 是无穷小；反之，若 $f(x)$ 是无穷小，且 $f(x)\neq 0$，则 $\dfrac{1}{f(x)}$ 是无穷大.

🖊 解决问题

解 电容器是一种以电场形式储存能量的无源器件，若电容器与直流电相接，则电路中有电流流通．此时电容器正在充电，当切断电容器的电源后，电容器通过电阻放电，由电容器放电的电流与时间的图形（图 1.21）可知，切断电源后，随着时间的延续，电容器电路回路中通过的电流会越来越接近于 0（$\lim\limits_{t\to+\infty}I=0$），电容值或电阻值越小，电容器的充电和放电的速度就越快，反之亦然．由极限的思想知，电容器放电过程中，放电的时间要尽可能长，电阻值越大，放电电流越小，所用的时间也就越长，所以放电时间要尽可能长，不要着急，以免损坏电子元件．

🖊 巩固练习

习题 1.2

习题答案详解

1. 判断题．

（1）若 $\lim\limits_{x\to x_0}f(x)=A$，则 $f(x_0)=A$．　　　　　　　　　　（　　）

（2）若 $\lim\limits_{x\to x_0^+} f(x)$ 与 $\lim\limits_{x\to x_0^-} f(x)$ 都存在，则 $\lim\limits_{x\to x_0} f(x)$ 必存在． （　　）

（3）$\lim\limits_{x\to\infty}\arctan x = \dfrac{\pi}{2}$． （　　）

（4）$\lim\limits_{x\to+\infty} e^{-x} = 0$． （　　）

（5）无穷小就是其值越来越小的量． （　　）

（6）无穷大一定是一个正数． （　　）

2. 填空题．

（1）$\lim\limits_{x\to 0}\sin 3x = $ _____．

（2）设 $f(x) = \begin{cases} e^x + 1, & x \leqslant 0 \\ 3x + 2, & x > 0 \end{cases}$，则有 $\lim\limits_{x\to 0^-} f(x) = $ _____，$\lim\limits_{x\to 0^+} f(x) = $ _____，$\lim\limits_{x\to 0} f(x) = $ _____．

（3）$\lim\limits_{x\to\infty}\dfrac{1}{1+x} = $ _____．

（4）$\lim\limits_{x\to\frac{\pi}{4}}\sin 2x = $ _____．

（5）$\lim\limits_{x\to 2}(3x+5) = $ _____．

（6）$\lim\limits_{x\to\infty}\dfrac{\cos x}{x^3} = $ _____，$\lim\limits_{x\to\infty}\dfrac{\sin x}{x^2} = $ _____，$\lim\limits_{x\to 0} x\sin\dfrac{1}{x} = $ _____．

（7）设 $y = \dfrac{1}{x-1}$，当 $x \to $ _____ 时，y 是无穷小，当 $x \to $ _____ 时，y 是无穷大．

（8）若 $\lim\limits_{x\to 0} f(x) = 0$，则 $\lim\limits_{x\to 0}\dfrac{1}{f(x)} = $ _____．

3. 选择题．

（1）$f(x)$ 在点 x_0 处的左、右极限存在且相等是 $f(x)$ 在该点有极限的（　　）．

A. 充分且必要条件　　　　B. 充分非必要条件

C. 必要非充分条件　　　　D. 既非充分也非必要条件

（2）设 $f(x) = \begin{cases} 3x+1, & x < 0 \\ 2, & x = 0 \\ 1-2x, & x > 0 \end{cases}$，则 $\lim\limits_{x\to 0} f(x) = $（　　）．

A. 1　　　　B. 2　　　　C. -1　　　　D. 不存在

- 24 -

（3）极限 $\lim\limits_{x\to\infty}e^x$ 的值是（ ）.

    A. $+\infty$ B. 0   C. $-\infty$ D. 不存在

（4）下列各式中，极限存在的是（ ）.

    A. $\lim\limits_{x\to 0}\cos x$ B. $\lim\limits_{x\to\infty}\arctan x$

    C. $\lim\limits_{x\to\infty}\sin x$ D. $\lim\limits_{x\to\infty}2^x$

（5）极限 $\lim\limits_{x\to\infty}\dfrac{2x-1}{3x+2}=$（ ）.

    A. $\dfrac{2}{3}$ B. $\dfrac{3}{2}$ C. 0   D. -1

4. 判断下列函数哪些是无穷小，哪些是无穷大：

（1）$\dfrac{x+1}{x}$，当 $x\to 0$ 时；   （2）$\dfrac{x+1}{x}$，当 $x\to -1$ 时；

（3）$\ln x$，当 $x\to 1$ 时；   （4）$\ln x$，当 $x\to 0^+$ 时；

（5）$\dfrac{1}{x-1}$，当 $x\to 1$ 时；   （6）$\dfrac{1}{x-1}$，当 $x\to\infty$ 时．

1.3　极限的计算

✏️ 提出问题

问题　电路中一个 $5\,\Omega$ 的电阻和一个滑动变阻器 $R(0\sim 10\,\Omega)$ 并联（图 1.25），分析下面情况的总电阻：

（1）滑动变阻器的位置在正中间时；

（2）滑动变阻器的位置在最上端时；

（3）滑动变阻器的位置在最下端时；

（4）滑动变阻器老化，忽然断路时．

用极限式表示上面四种情况．

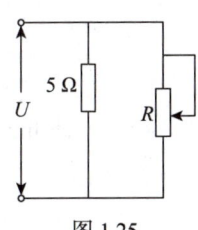

图 1.25

✏️ 知识储备

1.3.1　极限的四则运算法则

极限的四则运算法则

与数列极限类似，函数极限有如下四则运算法则．

定理 1 若 $\lim\limits_{x \to x_0} f(x) = A$，$\lim\limits_{x \to x_0} g(x) = B$，则：

（1）$\lim\limits_{x \to x_0}[f(x) \pm g(x)] = \lim\limits_{x \to x_0} f(x) \pm \lim\limits_{x \to x_0} g(x) = A \pm B$；

（2）$\lim\limits_{x \to x_0}[f(x)g(x)] = \lim\limits_{x \to x_0} f(x) \cdot \lim\limits_{x \to x_0} g(x) = AB$；

（3）$\lim\limits_{x \to x_0} \dfrac{f(x)}{g(x)} = \dfrac{\lim\limits_{x \to x_0} f(x)}{\lim\limits_{x \to x_0} g(x)} = \dfrac{A}{B} (B \neq 0)$.

推论 1 $\lim\limits_{x \to x_0} C \cdot f(x) = C \cdot \lim\limits_{x \to x_0} f(x) = CA$（$C$是常数）.

推论 2 $\lim\limits_{x \to x_0}[f(x)]^n = [\lim\limits_{x \to x_0} f(x)]^n = A^n$.

定理 1 中的法则（1）和（2）可推广到有限多个函数情形；上述法则对自变量的其他变化趋势，如 $x \to x^+$，$x \to x^-$ 等同样成立.

注（1）在使用上述运算法则时，要求每个参与运算的函数的极限必须存在.

（2）在使用商的极限运算法则时，还要求分母的极限不能为零.

例 1 求 $\lim\limits_{x \to 1}(x^2 + 2x + 1)$.

解 $\lim\limits_{x \to 1}(x^2 + 2x + 1) = \lim\limits_{x \to 1} x^2 + \lim\limits_{x \to 1} 2x + \lim\limits_{x \to 1} 1 = 1 + 2 + 1 = 4$

例 2 求 $\lim\limits_{x \to 2} \dfrac{x+3}{2x-1}$.

解 当 $x \to 2$ 时，分母的极限不为 0，所以应用商的极限运算法则，得

$$\lim\limits_{x \to 2} \dfrac{x+3}{2x-1} = \dfrac{\lim\limits_{x \to 2}(x+3)}{\lim\limits_{x \to 2}(2x-1)} = \dfrac{5}{3}$$

例 3 求 $\lim\limits_{x \to 1} \dfrac{1}{x-1}$.

解 当 $x \to 1$ 时，分母的极限是 0，所以不能直接应用商的极限运算法则，但是，

$$\lim\limits_{x \to 1}(x-1) = 0$$

用无穷大与无穷小的"倒数"关系，得

$$\lim\limits_{x \to 1} \dfrac{1}{x-1} = \infty$$

例 4 求 $\lim\limits_{x\to 3}\dfrac{x^2-9}{x-3}$.

解 当 $x\to 3$ 时，分子分母的极限都是 0，所以不能应用商的极限运算法则，可以分解因式，得

$$\lim_{x\to 3}\dfrac{x^2-9}{x-3}=\lim_{x\to 3}\dfrac{(x+3)(x-3)}{x-3}=\lim_{x\to 3}(x+3)=6$$

例 5 求 $\lim\limits_{x\to 0}\dfrac{\sqrt{x+1}-1}{x}$.

解 当 $x\to 0$ 时，分子分母的极限都是 0，所以不能应用商的极限运算法则，可以先对分子有理化，得

$$\lim_{x\to 0}\dfrac{\sqrt{x+1}-1}{x}=\lim_{x\to 0}\dfrac{(\sqrt{x+1}-1)(\sqrt{x+1}+1)}{x(\sqrt{x+1}+1)}=\lim_{x\to 0}\dfrac{x}{x(\sqrt{x+1}+1)}$$

$$=\lim_{x\to 0}\dfrac{1}{\sqrt{x+1}+1}=\dfrac{1}{2}$$

例 6 求 $\lim\limits_{x\to 2}\left(\dfrac{x^2}{x^2-4}-\dfrac{1}{x-2}\right)$.

解 当 $x\to 2$ 时，因为括号里两项都是无穷大，称为 "$\infty-\infty$" 型，这两项实质都没有极限，所以不能应用极限运算法则，可先通分化简再计算，得

$$\lim_{x\to 2}\left(\dfrac{x^2}{x^2-4}-\dfrac{1}{x-2}\right)=\lim_{x\to 2}\dfrac{x^2-x-2}{x^2-4}=\lim_{x\to 2}\dfrac{(x-2)(x+1)}{(x-2)(x+2)}$$

$$=\lim_{x\to 2}\dfrac{x+1}{x+2}=\dfrac{3}{4}$$

例 7 求 $\lim\limits_{x\to\infty}\dfrac{x^2-3}{x^3+2x-2}$.

解 当 $x\to\infty$ 时，因为分子分母都是无穷大，称为 "$\dfrac{\infty}{\infty}$" 型，所以不能应用极限运算法则，可在分子分母中同时除以 x 的最高次幂，得

$$\lim_{x\to\infty}\dfrac{x^2-3}{x^3+2x-2}=\lim_{x\to\infty}\dfrac{\dfrac{1}{x}-\dfrac{3}{x^3}}{1+\dfrac{2}{x^2}-\dfrac{2}{x^3}}=0$$

例 8 求 $\lim\limits_{x\to\infty}\dfrac{2x^3-3}{x^2+3x-5}$.

解 先将分子分母同时除以 x^3，得

$$\lim_{x\to\infty}\frac{2x^3-3}{x^2+3x-5}=\lim_{x\to\infty}\frac{2-\dfrac{3}{x^3}}{\dfrac{1}{x}+\dfrac{3}{x^2}-\dfrac{5}{x^3}},\text{ 而 }\lim_{x\to\infty}\frac{\dfrac{1}{x}+\dfrac{3}{x^2}-\dfrac{5}{x^3}}{2-\dfrac{3}{x^3}}=0$$

根据无穷小和无穷大的关系，所以 $\lim\limits_{x\to\infty}\dfrac{2x^3-3}{x^2+3x-5}=\infty$.

例 9 求 $\lim\limits_{x\to\infty}\dfrac{2x^2-1}{3x^2+2x-3}$.

解 先将分子分母同时除以 x^2，得

$$\lim_{x\to\infty}\frac{2x^2-1}{3x^2+2x-3}=\lim_{x\to\infty}\frac{2-\dfrac{1}{x^2}}{3+\dfrac{2}{x}-\dfrac{3}{x^2}}=\frac{2}{3}$$

一般地，对于有理分式函数，当 $x\to\infty$ 时，分子分母都是无穷大，由前面例题可以得出以下结论：若 $a_0\neq 0$，$b_0\neq 0$，m，n 为正整数，则

$$\lim_{x\to\infty}\frac{a_0x^n+a_1x^{n-1}+\cdots+a_{n-1}x+a_n}{b_0x^m+b_1x^{m-1}+\cdots+b_{m-1}x+b_m}=\begin{cases}\dfrac{a_0}{b_0},&n=m\\0,&n<m\\\infty,&n>m\end{cases}$$

该结论可作为公式使用，但只适用于 $x\to\infty$ 的情形.

例 10 求 $\lim\limits_{n\to\infty}\dfrac{1+2+3+\cdots+n}{n^2+1}$.

解 这里先利用数列求和公式求和，因为 $1+2+3+\cdots+n=\dfrac{n(n+1)}{2}$，所以

$$\lim_{n\to\infty}\frac{1+2+3+\cdots+n}{n^2+1}=\lim_{n\to\infty}\frac{\dfrac{n(n+1)}{2}}{n^2+1}=\frac{1}{2}\lim_{n\to\infty}\frac{n^2+n}{n^2+1}=\frac{1}{2}\lim_{n\to\infty}\frac{1+\dfrac{1}{n}}{1+\dfrac{1}{n^2}}=\frac{1}{2}$$

例 11 求 $\lim\limits_{x\to\infty}\dfrac{\sin x}{x}$.

解 当 $x\to\infty$ 时，分子与分母的极限都不存在，不能直接应用极限运算法则，可以把函数变形为

$$\frac{\sin x}{x}=\frac{1}{x}\cdot\sin x$$

因为 $\sin x$ 是有界函数，$\dfrac{1}{x}$ 是当 $x\to 0$ 时的无穷小，所以根据无穷小的性质，有

$$\lim_{x\to\infty}\frac{\sin x}{x}=0$$

关于初等函数的极限，我们这里直接给出一个结论：对于初等函数 $f(x)$，若 x_0 是其定义区间内的点，则有

$$\lim_{x\to x_0}f(x)=f(x_0)$$

这就是说，初等函数对定义区间内的点求极限，就是求它的函数值.

例 12 求 $\lim\limits_{x\to\frac{\pi}{2}}\ln\sin x$.

解 因为 $f(x)=\ln\sin x$ 是初等函数，$\dfrac{\pi}{2}$ 是函数定义区间内的点，所以

$$\lim_{x\to\frac{\pi}{2}}\ln\sin x=\ln\sin\frac{\pi}{2}=0$$

1.3.2 无穷小的比较

1. 无穷小的阶

根据极限运算法则可知，两个无穷小的和、差及乘积仍为无穷小. 但是，两个无穷小的商却会出现不同情形，例如，当 $x\to 0$ 时，x，x^2，$\sin x$ 都是无穷小，但

$$\lim_{x\to 0}\frac{x^2}{x}=0,\ \lim_{x\to 0}\frac{x}{x^2}=\infty,\ \lim_{x\to 0}\frac{\sin x}{x}=1$$

两个无穷小商的极限的各种不同情形，反映了不同的无穷小趋于零的"快慢"程度：在 $x\to 0$ 的过程中，x^2 比 x "快些"，x 比 x^2 "慢些"，$\sin x$ 与 x "快慢相仿".

定义　设 α, β 是同一个趋向过程中的无穷小，且 $\beta \neq 0$．

（1）若 $\lim \dfrac{\alpha}{\beta} = 0$，则称 α 是比 β 高阶的无穷小，记为 $\alpha = o(\beta)$．

（2）若 $\lim \dfrac{\alpha}{\beta} = \infty$，则称 α 是比 β 低阶的无穷小．

（3）若 $\lim \dfrac{\alpha}{\beta} = C \neq 0$，则称 α 与 β 是同阶无穷小．

（4）若 $\lim \dfrac{\alpha}{\beta} = 1$，则称 α 与 β 是等价无穷小，记为 $\alpha \sim \beta$．

显然等价无穷小是同阶无穷小的特殊情形，即 $C = 1$ 的情形．

例 13　证明：当 $x \to 1$ 时，$x^2 - 1$ 与 $x^3 - 1$ 是同阶无穷小．

证　因为

$$\lim_{x \to 1} \frac{x^2 - 1}{x^3 - 1} = \lim_{x \to 1} \frac{x + 1}{x^2 + x + 1} = \frac{2}{3}$$

所以当 $x \to 1$ 时，$x^2 - 1$ 与 $x^3 - 1$ 是同阶无穷小．

例 14　证明：当 $x \to 0$ 时，$\sqrt{1+x} - 1$ 与 $\dfrac{x}{2}$ 是等价无穷小．

证　因为

$$\lim_{x \to 0} \frac{\sqrt{1+x} - 1}{\dfrac{x}{2}} = \lim_{x \to 0} \frac{2x}{x(\sqrt{1+x} + 1)} = \lim_{x \to 0} \frac{2}{\sqrt{1+x} + 1} = 1$$

所以当 $x \to 0$ 时，$\sqrt{1+x} - 1$ 与 $\dfrac{x}{2}$ 是等价无穷小．

当 $x \to 0$ 时，有如下常用的等价无穷小：

（1）$\sin x \sim x$；　　　　　（2）$\ln(1+x) \sim x$；　　　　（3）$e^x - 1 \sim x$；

（4）$\tan x \sim x$；　　　　　（5）$\arctan x \sim x$；　　　　（6）$\arcsin x \sim x$；

（7）$1 - \cos x \sim \dfrac{x^2}{2}$；　　（8）$(1+x)^\mu - 1 \sim \mu x$．

2. 等价无穷小的替换

定理 2　（等价无穷小替换定理）若在自变量的同一变化过程中，$\alpha \sim \alpha'$，$\beta \sim \beta'$，则 $\lim \dfrac{\alpha f(x)}{\beta g(x)} = \lim \dfrac{\alpha' f(x)}{\beta' g(x)}$．而具备上述格式的等价无穷小可以自

由替换.

例 15 求下列函数的极限：

（1） $\lim\limits_{x \to 0} \dfrac{\sin 2x}{3x}$；

（2） $\lim\limits_{x \to 0} \dfrac{\sin 3x}{\sin 4x}$；

（3） $\lim\limits_{x \to 0} \dfrac{e^{2x} - 1}{3x}$；

（4） $\lim\limits_{x \to 0} \dfrac{1 - \cos 2x}{x \sin x}$.

解 （1）当 $x \to 0$ 时 $\sin 2x \sim 2x$，$\lim\limits_{x \to 0} \dfrac{\sin 2x}{3x} = \lim\limits_{x \to 0} \dfrac{2x}{3x} = \dfrac{2}{3}$；

（2）当 $x \to 0$ 时 $\sin 3x \sim 3x$，$\sin 4x \sim 4x$，$\lim\limits_{x \to 0} \dfrac{\sin 3x}{\sin 4x} = \lim\limits_{x \to 0} \dfrac{3x}{4x} = \dfrac{3}{4}$；

（3）当 $x \to 0$ 时 $e^{2x} - 1 \sim 2x$，$\lim\limits_{x \to 0} \dfrac{e^{2x} - 1}{3x} = \lim\limits_{x \to 0} \dfrac{2x}{3x} = \dfrac{2}{3}$；

（4）当 $x \to 0$ 时 $1 - \cos 2x \sim 2x^2$，$\sin x \sim x$，$\lim\limits_{x \to 0} \dfrac{1 - \cos 2x}{x \sin x} = \lim\limits_{x \to 0} \dfrac{2x^2}{x^2} = 2$.

例 16 求极限 $\lim\limits_{x \to 0} \dfrac{\sin x - \tan x}{x^3}$.

解 $\lim\limits_{x \to 0} \dfrac{\sin x - \tan x}{x^3} = \lim\limits_{x \to 0} \dfrac{\sin x(\cos x - 1)}{x^3 \cos x} = \lim\limits_{x \to 0} \dfrac{\cos x - 1}{x^2} = -\dfrac{1}{2}$.

错误做法 （1） $\lim\limits_{x \to 0} \dfrac{\sin x - \tan x}{x^3} = \lim\limits_{x \to 0} \dfrac{\sin x - \sin x}{x^3} = 0$；

（2） $\lim\limits_{x \to 0} \dfrac{\sin x - \tan x}{x^3} = \lim\limits_{x \to 0} \dfrac{\sin x}{x^3} - \lim\limits_{x \to 0} \dfrac{\tan x}{x^3} = 0$.

注 （1）用等价无穷小的替换方法求极限时，和、差形式一般不能进行替换，只有因子乘积形式才可以进行等价无穷小替换.

（2）只有函数极限存在时才能进行四则运算.

🖉 解决问题

解 由并联电路知识可知：$\dfrac{1}{R_{总}} = \dfrac{1}{5} + \dfrac{1}{R_{滑}}$，滑动变阻器位置在正中间时，$R_{滑} = 5\,\Omega$；滑动变阻器位置在最上端时，$R_{滑} = 10\,\Omega$，滑动变阻器位置在最下端时，电路短路，$R_{滑} = 0\,\Omega$，滑动变阻器老化，忽然断路时，$R_{滑} = +\infty\,\Omega$.

上述四种情况用极限式表示如下：

（1）滑动变阻器的位置在正中间时：$\dfrac{1}{R_{总}} = \lim\limits_{R_{滑} \to 5}\left(\dfrac{1}{5} + \dfrac{1}{R_{滑}}\right) = \dfrac{2}{5}$，$R_{总} = 2.5\,\Omega$；

（2）滑动变阻器的位置在最上端时：$\dfrac{1}{R_{总}} = \lim\limits_{R_{滑} \to 10}\left(\dfrac{1}{5} + \dfrac{1}{R_{滑}}\right) = \dfrac{3}{10}$，$R_{总} = 3.3\,\Omega$；

（3）滑动变阻器的位置在最下端时，电路短路，则

$$\dfrac{1}{R_{总}} = \lim\limits_{R_{滑} \to 0}\left(\dfrac{1}{5} + \dfrac{1}{R_{滑}}\right) = \infty, \quad R_{总} = 0\,\Omega$$

（4）滑动变阻器老化，忽然断路时：$\dfrac{1}{R_{总}} = \lim\limits_{R_{滑} \to +\infty}\left(\dfrac{1}{5} + \dfrac{1}{R_{滑}}\right) = \dfrac{1}{5}$，$R_{总} = 5\,\Omega$．

巩固练习

习题 1.3

1．填空题．

（1）$\lim\limits_{x \to 4} \dfrac{x^2 - 5x + 4}{x - 4} = $ ＿＿＿＿＿．

（2）$\lim\limits_{x \to 4} \dfrac{x^2 - 2x - 8}{x - 4} = $ ＿＿＿＿＿．

（3）$\lim\limits_{x \to 3} \dfrac{x^2 - 9}{x^2 - 5x + 6} = $ ＿＿＿＿＿．

（4）$\lim\limits_{x \to +\infty} (1 - e^{-2x^2}) = $ ＿＿＿＿＿．

（5）如果 $\lim\limits_{x \to 0} \dfrac{3\sin mx}{2x} = \dfrac{2}{3}$，则 $m = $ ＿＿＿＿＿．

（6）$\lim\limits_{x \to 0} \ln \cos x = $ ＿＿＿＿＿．

2．计算下列函数极限：

（1）$\lim\limits_{x \to -1}(x^2 + 3x + 2)$；　　　　（2）$\lim\limits_{x \to 2} \sqrt{3x + 2}$；

（3）$\lim\limits_{x \to 2} \dfrac{x^2 - 4}{x + 1}$；　　　　　（4）$\lim\limits_{x \to 2} \dfrac{x + 3}{x - 2}$；

（5）$\lim\limits_{x \to 0} \sin\left(2x + \dfrac{\pi}{3}\right)$；　　（6）$\lim\limits_{x \to 1} \ln(x^2 + 3x)$．

3. 计算下列函数极限：

（1）$\lim\limits_{x \to 2} \dfrac{x^2 + 4x - 12}{x^2 - 4}$；

（2）$\lim\limits_{x \to 1} \left(\dfrac{2}{1 - x^2} - \dfrac{1}{1 - x} \right)$；

（3）$\lim\limits_{x \to 0} \dfrac{\sqrt{1+x} - \sqrt{1-x}}{x}$；

（4）$\lim\limits_{x \to \infty} \dfrac{3x^2 + 2x - 7}{4x^2 + 5x + 2}$；

（5）$\lim\limits_{n \to \infty} \left(1 + \dfrac{1}{2} + \dfrac{1}{4} + \cdots + \dfrac{1}{2^n} \right)$；

（6）$\lim\limits_{x \to 0} \dfrac{\sin 9x}{\sin 8x}$；

（7）$\lim\limits_{x \to 0} \dfrac{x(\mathrm{e}^{2x} - 1)}{1 - \cos 2x}$；

（8）$\lim\limits_{x \to 0} \dfrac{\sin 3x}{\tan x}$.

第 2 章　导数与微分

微分学是微积分的重要组成部分,它的基本概念是导数与微分,其中导数反映出函数相对于自变量的变化快慢的程度,而微分则指明当自变量有微小变化时,函数大体上变化多少.

2.1　导数的概念

提出问题

问题　电路中某点处的电流 i 是通过该点处的电荷量 Q 关于时间 t 的瞬时变化率,如果一个电路中的电荷量为 $Q(t)=t^3$. 求:

（1）电流函数 $i(t)$;
（2）当 $t=2$ s 时的电流是多少?
（3）什么时候电流为 27 A?

知识储备

导数概念的引例

2.1.1　引例

为了说明微分学的基本概念——导数,我们先讨论两个问题:速度问题和切线问题.这两个问题在历史上都与导数概念的形成有密切的关系.

1. 变速直线运动的速度

设物体做变速直线运动,它的运动方程是
$$s=f(t)$$

求物体在 t_0 时刻的瞬时速度.

当物体做匀速直线运动时,它在任意时刻的速度可用公式

$$速度 = \frac{路程}{时间}$$

来计算. 但对于变速直线运动,上式中的速度只能反映物体在某段时间内的平均速度,而不能精确地描述运动过程中任一时刻的瞬时速度. 那么如何求做变速直线运动的物体在 t_0 时刻的瞬时速度呢？下面我们来探讨这个问题.

首先,取从时刻 t_0 到 $t_0 + \Delta t$ 这段时间间隔,时间的增量为 Δt,物体运动路程的增量为

$$\Delta s = f(t_0 + \Delta t) - f(t_0)$$

从而可以求得物体在时段内的平均速度为

$$\bar{v} = \frac{f(t_0 + \Delta t) - f(t_0)}{\Delta t}$$

很明显,当 $|\Delta t|$ 无限变小时,平均速度 $\bar{v}$ 无限接近于物体在 t_0 时刻的瞬时速度. 因此,平均速度的极限值就是物体在 t_0 时刻的瞬时速度 v,即可定义：

$$v = \lim_{\Delta t \to 0} \bar{v} = \lim_{\Delta t \to 0} \frac{\Delta s}{\Delta t} = \lim_{\Delta t \to 0} \frac{f(t_0 + \Delta t) - f(t_0)}{\Delta t}$$

2. 曲线切线的斜率

如图 2.1 所示,设 M, N 为曲线 C 上的两点,过这两点作割线 MN. 当点 N 沿曲线 C 趋于点 M 时,如果割线 MN 绕点 M 旋转并趋于极限位置 MT,那么直线 MT 叫作曲线 C 在点 M 处的切线.

设曲线 C 所对应的函数为 $y = f(x)$,M, N 点的坐标分别为 $M(x_0, f(x_0))$,$N(x_0 + \Delta x, f(x_0 + \Delta x))$,则

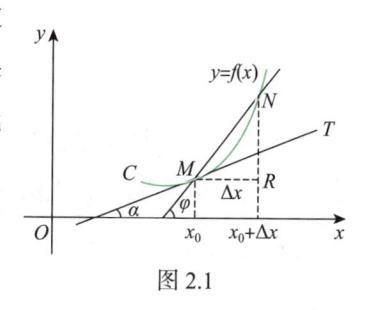

$$MR = \Delta x, \quad NR = f(x_0 + \Delta x) - f(x_0) = \Delta y$$

图 2.1

割线 MN 的斜率是

$$\tan \varphi = \frac{\Delta y}{\Delta x} = \frac{f(x_0 + \Delta x) - f(x_0)}{\Delta x}$$

其中 φ 是割线 MN 的倾斜角.

当 $\Delta x \to 0$ 时,点 N 沿着曲线无限趋近于点 M,而割线 MN 就无限趋近于它的极

限位置 MT. 因此,切线的倾斜角 α 是割线倾斜角 φ 的极限,切线的斜率是割线斜率 $\tan\varphi$ 的极限,即

$$\tan\alpha = \lim_{\Delta x \to 0}\tan\varphi = \lim_{\Delta x \to 0}\frac{\Delta y}{\Delta x} = \lim_{\Delta x \to 0}\frac{f(x_0 + \Delta x) - f(x_0)}{\Delta x}$$

以上两例,虽然实际意义不同,但从数学结构上看,都可归结为计算函数增量与自变量增量之比的极限问题,也就是下面我们要研究的导数问题.

2.1.2 导数的定义

定义 设函数 $y = f(x)$ 在 x_0 的某个邻域内有定义,当自变量 x 在点 x_0 处有增量 Δx($x_0 + \Delta x$ 也在该邻域内)时,函数有相应的增量如下:

$$\Delta y = f(x_0 + \Delta x) - f(x_0)$$

若当 $\Delta x \to 0$ 时,两个增量之比的极限

$$\lim_{\Delta x \to 0}\frac{\Delta y}{\Delta x} = \lim_{\Delta x \to 0}\frac{f(x_0 + \Delta x) - f(x_0)}{\Delta x}$$

存在,则称这个极限值为 $y = f(x)$ 在点 x_0 处的导数,记作:

$$f'(x_0),\ y'\Big|_{x=x_0},\ \frac{\mathrm{d}y}{\mathrm{d}x}\Big|_{x=x_0} \text{或} \frac{\mathrm{d}f(x)}{\mathrm{d}x}\Big|_{x=x_0}$$

即

$$f'(x_0) = \lim_{\Delta x \to 0}\frac{\Delta y}{\Delta x} = \lim_{\Delta x \to 0}\frac{f(x_0 + \Delta x) - f(x_0)}{\Delta x}$$

函数 $y = f(x)$ 在点 x_0 处可导有时也说成 $y = f(x)$ 在点 x_0 处具有导数或导数存在. 若上述极限不存在,则称函数 $y = f(x)$ 在点 x_0 处不可导. 若极限为无穷大,则函数 $y = f(x)$ 在点 x_0 处不可导,但为了方便,也称函数 $y = f(x)$ 在点 x_0 处的导数为无穷大.

导数的定义式也可取不同的形式,常见的有以下两种.

(1)令 $\Delta x = h$,则有

$$f'(x_0) = \lim_{h \to 0}\frac{f(x_0 + h) - f(x_0)}{h}$$

(2)令 $x_0 + \Delta x = x$,则当 $\Delta x \to 0$ 时,有 $x \to x_0$,于是有

$$f'(x_0) = \lim_{x \to x_0}\frac{f(x) - f(x_0)}{x - x_0}$$

可以看到，在导数的定义中，比值

$$\frac{\Delta y}{\Delta x} = \frac{f(x_0 + \Delta x) - f(x_0)}{\Delta x}$$

是当自变量 x 从 x_0 变到 $x_0 + \Delta x$ 时，函数 $y = f(x)$ 的平均变化率；而导数 $f'(x_0)$ 是函数在点 x_0 处的变化率，它反映了因变量随自变量的变化而变化的快慢程度．

上面讲的是函数在一点处可导．如果函数 $y = f(x)$ 在开区间 I 内的每点处都可导，就称函数 $y = f(x)$ 在开区间 I 内可导．这时对于区间 I 内每一点 x，都有一个导数值与它对应，这样就构成了一个新的函数，这个函数叫作原来函数 $y = f(x)$ 的导函数，记作：

$$f'(x),\ y',\ \frac{\mathrm{d}y}{\mathrm{d}x} \text{ 或 } \frac{\mathrm{d}f(x)}{\mathrm{d}x}$$

即

$$f'(x) = \lim_{\Delta x \to 0} \frac{f(x + \Delta x) - f(x)}{\Delta x}$$

很明显，函数 $y = f(x)$ 在点 x_0 处的导数 $f'(x_0)$，就是导函数 $f'(x)$ 在点 x_0 处的函数值，即

$$f'(x_0) = f'(x)|_{x = x_0}$$

在不致发生混淆的情况下，导函数也简称为导数．

例1 设函数 $f(x) = x^2$，求 $f'(x), f'(2), f'(-1)$．

解 先给定自变量在点 x 处以增量 Δx，对应的函数的增量是

$$\Delta y = f(x + \Delta x) - f(x) = (x + \Delta x)^2 - x^2 = 2x\Delta x + (\Delta x)^2$$

两个增量之比是

$$\frac{\Delta y}{\Delta x} = \frac{2x\Delta x + (\Delta x)^2}{\Delta x} = 2x + \Delta x$$

对上式两端取极限，得

$$f'(x) = \lim_{\Delta x \to 0} \frac{\Delta y}{\Delta x} = \lim_{\Delta x \to 0} \frac{2x\Delta x + (\Delta x)^2}{\Delta x} = \lim_{\Delta x \to 0} (2x + \Delta x) = 2x$$

所以

$$f'(2) = 2x|_{x=2} = 4,\quad f'(-1) = 2x|_{x=-1} = -2$$

2.1.3 求导数举例

下面根据导数的定义求一些简单函数的导数．

根据导数的定义来求导数，可以分为以下三个步骤：

（1）给自变量x以增量Δx，求出对应的函数的增量Δy；

（2）计算两个增量的比值$\dfrac{\Delta y}{\Delta x}$；

（3）对上式两端取极限，得

$$f'(x) = \lim_{\Delta x \to 0} \frac{\Delta y}{\Delta x} = \lim_{\Delta x \to 0} \frac{f(x+\Delta x) - f(x)}{\Delta x}$$

例2 求函数$y = C$（C为常数）的导数．

解 （1）求增量：$\Delta y = C - C = 0$；

（2）算比值：$\dfrac{\Delta y}{\Delta x} = \dfrac{0}{\Delta x} = 0$；

（3）取极限：$y' = \lim\limits_{\Delta x \to 0} \dfrac{\Delta y}{\Delta x} = \lim\limits_{\Delta x \to 0} \dfrac{0}{\Delta x} = 0$．即

$$(C)' = 0$$

例3 求函数$y = x^3$的导数．

解 （1）求增量：$\Delta y = (x + \Delta x)^3 - x^3 = 3x^2 \Delta x + 3x(\Delta x)^2 + (\Delta x)^3$；

（2）算比值：$\dfrac{\Delta y}{\Delta x} = \dfrac{3x^2 \Delta x + 3x(\Delta x)^2 + (\Delta x)^3}{\Delta x} = 3x^2 + 3x\Delta x + (\Delta x)^2$；

（3）取极限：$y' = \lim\limits_{\Delta x \to 0} \dfrac{\Delta y}{\Delta x} = \lim\limits_{\Delta x \to 0} \left[3x^2 + 3x\Delta x + (\Delta x)^2 \right] = 3x^2$．即

$$(x^3)' = 3x^2$$

上述公式可推广到任意正整数幂的情况，即

$$(x^n)' = nx^{n-1}$$

还可推广到一般的幂函数$y = x^a$（a为实数），即

$$(x^a)' = ax^{a-1}$$

利用这个公式，可以很方便地求出幂函数的导数.

例 4 求函数 $y = \sin x$ 的导数.

解 （1）求增量：$\Delta y = \sin(x + \Delta x) - \sin x = 2\cos\left(x + \dfrac{\Delta x}{2}\right)\sin\dfrac{\Delta x}{2}$；

（2）算比值：$\dfrac{\Delta y}{\Delta x} = 2\cos\left(x + \dfrac{\Delta x}{2}\right) \cdot \dfrac{\sin\dfrac{\Delta x}{2}}{\Delta x}$；

（3）取极限：$y' = \lim\limits_{\Delta x \to 0}\dfrac{\Delta y}{\Delta x} = \lim\limits_{\Delta x \to 0} 2\cos\left(x + \dfrac{\Delta x}{2}\right) \cdot \dfrac{\sin\dfrac{\Delta x}{2}}{\Delta x}$

$= \lim\limits_{\Delta x \to 0}\cos\left(x + \dfrac{\Delta x}{2}\right) \cdot \lim\limits_{\Delta x \to 0}\dfrac{\sin\dfrac{\Delta x}{2}}{\dfrac{\Delta x}{2}} = \cos x$

即

$$(\sin x)' = \cos x$$

类似地，可以求得 $(\cos x)' = -\sin x$.

例 5 求函数 $y = \log_a x$（$a > 0$ 且 $a \neq 1$）的导数.

解 （1）求增量：

$$\Delta y = \log_a(x + \Delta x) - \log_a x = \log_a \dfrac{x + \Delta x}{x} = \log_a\left(1 + \dfrac{\Delta x}{x}\right)$$

（2）算比值：

$$\dfrac{\Delta y}{\Delta x} = \dfrac{\log_a\left(1 + \dfrac{\Delta x}{x}\right)}{\Delta x} = \dfrac{1}{\Delta x}\log_a\left(1 + \dfrac{\Delta x}{x}\right) = \dfrac{1}{x} \cdot \dfrac{x}{\Delta x}\log_a\left(1 + \dfrac{\Delta x}{x}\right)$$

（3）取极限：

$$y' = \lim\limits_{\Delta x \to 0}\dfrac{\Delta y}{\Delta x} = \lim\limits_{\Delta x \to 0}\dfrac{1}{x} \cdot \dfrac{x}{\Delta x}\log_a\left(1 + \dfrac{\Delta x}{x}\right) = \dfrac{1}{x}\lim\limits_{\Delta x \to 0}\log_a\left(1 + \dfrac{\Delta x}{x}\right)^{\frac{x}{\Delta x}} = \dfrac{1}{x} \cdot \log_a e = \dfrac{1}{x\ln a}$$

即
$$(\log_a x)' = \frac{1}{x \ln a}$$

特殊地，$(\ln x)' = \frac{1}{x}$.

例 6 求函数 $y = a^x$ ($a > 0$ 且 $a \neq 1$) 的导数.

解 （1）求增量：$\Delta y = a^{x+\Delta x} - a^x = a^x(a^{\Delta x} - 1)$；

（2）算比值：$\dfrac{\Delta y}{\Delta x} = \dfrac{a^x(a^{\Delta x} - 1)}{\Delta x} = a^x \cdot \dfrac{a^{\Delta x} - 1}{\Delta x}$；

（3）取极限：$y' = \lim\limits_{\Delta x \to 0} a^x \cdot \dfrac{a^{\Delta x} - 1}{\Delta x} = a^x \lim\limits_{\Delta x \to 0} \dfrac{a^{\Delta x} - 1}{\Delta x}$.

令 $a^{\Delta x} - 1 = t$，则 $\Delta x = \log_a(1+t)$，且当 $\Delta x \to 0$ 时 $t \to 0$. 由此得

$$\lim_{\Delta x \to 0} \frac{a^{\Delta x} - 1}{\Delta x} = \lim_{t \to 0} \frac{t}{\log_a(1+t)} = \lim_{t \to 0} \frac{1}{\frac{1}{t}\log_a(1+t)} = \lim_{t \to 0} \frac{1}{\log_a(1+t)^{\frac{1}{t}}} = \ln a$$

即
$$(a^x)' = a^x \ln a$$

特殊地，$(e^x)' = e^x$.

2.1.4 导数的几何意义

由前面对曲线切线问题的讨论可知：函数 $y = f(x)$ 在点 x_0 处的导数 $f'(x_0)$ 在几何上表示曲线 $y = f(x)$ 在点 $M(x_0, f(x_0))$ 处的切线的斜率，即

$$\tan \alpha = f'(x_0)$$

其中 α 是切线的倾斜角.

根据上述导数的几何意义并应用直线的点斜式方程，可知曲线 $y = f(x)$ 在点 $M(x_0, f(x_0))$ 处的切线方程为

$$y - f(x_0) = f'(x_0)(x - x_0)$$

若函数 $y = f(x)$ 在点 x_0 处的导数为无穷大，即切线的斜率为无穷大，则切线方

程为 $x = x_0$，此时切线垂直于 x 轴．

过切点 $M(x_0, f(x_0))$ 且与切线垂直的直线叫作曲线 $y = f(x)$ 在点 $M(x_0, f(x_0))$ 处的法线．若 $f'(x_0) \neq 0$，则法线的斜率为 $-\dfrac{1}{f'(x_0)}$，从而法线方程为

$$y - f(x_0) = -\frac{1}{f'(x_0)}(x - x_0)$$

例7 求曲线 $y = \dfrac{1}{x}$ 在点 $\left(\dfrac{1}{2}, 2\right)$ 处的切线的斜率，并写出该点处的切线方程和法线方程．

解 根据导数的几何意义知道，所求切线的斜率为

$$k_1 = y' \Big|_{x = \frac{1}{2}}$$

由于 $y' = \left(\dfrac{1}{x}\right)' = -\dfrac{1}{x^2}$，因此

$$k_1 = -\frac{1}{x^2}\Big|_{x = \frac{1}{2}} = -4$$

从而所求切线方程为

$$y - 2 = -4\left(x - \frac{1}{2}\right)$$

即

$$4x + y - 4 = 0$$

所求法线的斜率为

$$k_2 = -\frac{1}{k_1} = \frac{1}{4}$$

于是所求法线方程为

$$y - 2 = \frac{1}{4}\left(x - \frac{1}{2}\right)$$

即

$$2x - 8y + 15 = 0$$

🖊 解决问题

解 （1）$i(t) = \dfrac{\mathrm{d}Q}{\mathrm{d}t} = (t^3)' = 3t^2$；

（2）$i(2) = 3t^2\big|_{t=2} = 3 \times 2^2 = 12$ A；

（3）令 $i(t) = 3t^2 = 27$，得 $t = \pm 3$（舍去负值），即当 $t = 3$ s 时，电流为 27 A.

🖊 巩固练习

习题 2.1

1. 下列各题中均假定 $f'(x_0)$ 存在，按照导数定义观察下列极限，指出 A 表示什么：

（1）$\lim\limits_{\Delta x \to 0} \dfrac{f(x_0 - \Delta x) - f(x_0)}{\Delta x} = A$；

（2）$\lim\limits_{x \to 0} \dfrac{f(x)}{x} = A$，其中 $f(0) = 0$，且 $f'(0)$ 存在；

（3）$\lim\limits_{h \to 0} \dfrac{f(x_0 + h) - f(x_0 - h)}{h} = A$.

2. 求下列函数的导数：

（1）$y = x^4$；　　　　（2）$y = \sqrt[3]{x^2}$；　　　　（3）$y = \dfrac{1}{\sqrt{x}}$；

（4）$y = \dfrac{1}{x^2}$；　　　（5）$y = x^3\sqrt[5]{x}$；　　　（6）$y = \dfrac{x^2\sqrt[3]{x^2}}{\sqrt{x^5}}$.

3. 已知物体的运动规律为 $s = t^3$，求这物体在 $t = 2$ 时的速度.

4. 求曲线 $y = \sin x$ 在具有下列横坐标的各点处切线的斜率：

（1）$x = \dfrac{2}{3}p$；　　　　（2）$x = p$.

5. 求曲线 $y = \mathrm{e}^x$ 在点 $(0, 1)$ 处的切线方程和法线方程.

6. 在抛物线 $y = x^2$ 上取横坐标为 $x_1 = 1$ 及 $x_2 = 3$ 的两点，作过这两点的割线．问该抛物线上哪一点的切线平行于这条割线？

2.2 函数的和、差、积、商的求导法则

✎ 提出问题

问题 一个电路中，流过的电荷量 Q（单位：C）关于时间 t（单位：s）的函数为 $Q(t) = 3t^2 - t$，求 $Q'(t)$.

✎ 知识储备

前面我们根据导数的定义，求出了一些简单函数的导数．但是，对于比较复杂的函数，直接根据定义来求它们的导数往往很困难．在本节和下节中，将介绍求导数的几个基本法则，并继续介绍导数基本公式．利用这些法则和公式求导，就比利用定义方便得多了．

➡ **定理 1** 设函数 $u = u(x)$ 和 $v = v(x)$ 在点 x 处可导，则它们的和、差在点 x 处也可导，且

$$(u \pm v)' = u' \pm v'$$

即两个可导函数的和、差的导数等于这两个函数的导数的和、差．

这个法则可推广到有限个可导函数的情形，例如：

$$(u \pm v \pm w)' = u' \pm v' \pm w'$$

➡ **定理 2** 设函数 $u = u(x)$ 和 $v = v(x)$ 在点 x 处可导，则它们的积在点 x 处也可导，且

$$(uv)' = u'v + uv'$$

即两个可导函数的积的导数等于第一个因子的导数与第二个因子的乘积，加上第一个因子与第二个因子的导数的乘积．

特殊地，若 $v = C$（C 为常数），则有

$$(Cu)' = Cu'$$

即求一个常数与一个可导函数的乘积的导数时，常数因子可以提到求导记号的外面去．

积的求导法则也可推广到有限个可导函数的情形，例如：

$$(uvw)' = u'vw + uv'w + uvw'$$

▶ 定理 3 设函数 $u=u(x)$ 和 $v=v(x)$ 在点 x 处可导，则它们的商在点 x 处也可导，且

$$\left(\frac{u}{v}\right)' = \frac{u'v - uv'}{v^2} \quad (v \neq 0)$$

即两个可导函数的商的导数等于分子的导数与分母的乘积减去分子与分母的导数的乘积，再除以分母的平方.

上述定理的证明思路相似，这里只证定理 2.

证 设 $f(x) = u(x)v(x)$，则由导数的定义有

$$\begin{aligned}
f'(x) &= \lim_{\Delta x \to 0} \frac{f(x+\Delta x) - f(x)}{\Delta x} \\
&= \lim_{\Delta x \to 0} \frac{u(x+\Delta x) \cdot v(x+\Delta x) - u(x) \cdot v(x)}{\Delta x} \\
&= \lim_{\Delta x \to 0} \frac{u(x+\Delta x)v(x+\Delta x) - u(x)v(x+\Delta x) + u(x)v(x+\Delta x) - u(x)v(x)}{\Delta x} \\
&= \lim_{\Delta x \to 0} \frac{[u(x+\Delta x) - u(x)]v(x+\Delta x) + u(x)[v(x+\Delta x) - v(x)]}{\Delta x} \\
&= \lim_{\Delta x \to 0} \left[\frac{u(x+\Delta x) - u(x)}{\Delta x} \cdot v(x+\Delta x) + u(x) \cdot \frac{v(x+\Delta x) - v(x)}{\Delta x} \right] \\
&= u'(x)v(x) + u(x)v'(x)
\end{aligned}$$

例 1 已知 $y = \dfrac{1}{x} + x^5 + 7$，求 y'.

解 $y' = \left(\dfrac{1}{x} + x^5 + 7\right)' = \left(\dfrac{1}{x}\right)' + (x^5)' + (7)' = -\dfrac{1}{x^2} + 5x^4$

例 2 已知 $f(x) = x^3 + 4\cos x - \sin\dfrac{\pi}{2}$，求 $f'(x)$.

解 $f'(x) = \left(x^3 + 4\cos x - \sin\dfrac{\pi}{2}\right)' = (x^3)' + 4(\cos x)' - \left(\sin\dfrac{\pi}{2}\right)' = 3x^2 - 4\sin x$

注 $\sin\dfrac{\pi}{2}$ 是常数，因此 $\left(\sin\dfrac{\pi}{2}\right)' = 0$，而不是 $\left(\sin\dfrac{\pi}{2}\right)' = \cos\dfrac{\pi}{2}$.

例 3 已知 $y = x^4 \ln x$,求 y'.

解 $y' = (x^4 \ln x)' = (x^4)' \ln x + x^4 (\ln x)' = 4x^3 \ln x + x^3$

例 4 已知 $y = x^2 \ln x \cos x$,求 y'.

解 $y' = (x^2 \ln x \cos x)' = (x^2)' \ln x \cos x + x^2 (\ln x)' \cos x + x^2 \ln x (\cos x)'$

$= 2x \ln x \cos x + x \cos x - x^2 \ln x \sin x$

例 5 求函数 $y = \tan x$ 的导数.

解 $y' = (\tan x)' = \left(\dfrac{\sin x}{\cos x}\right)' = \dfrac{(\sin x)' \cos x - \sin x (\cos x)'}{(\cos x)^2} = \dfrac{\cos^2 x + \sin^2 x}{\cos^2 x}$

$= \dfrac{1}{\cos^2 x} = \sec^2 x$

例 6 求函数 $y = \sec x$ 的导数.

解 $y' = (\sec x)' = \left(\dfrac{1}{\cos x}\right)' = \dfrac{(1)' \cos x - 1 \cdot (\cos x)'}{\cos^2 x} = \dfrac{\sin x}{\cos^2 x} = \sec x \tan x$

用类似的方法,还可求得余切函数和余割函数的导数:

$$(\cot x)' = -\csc^2 x$$

$$(\csc x)' = -\csc x \cot x$$

除了前面的求导法则之外,一些简单函数的求导公式也是求导运算的基础,下面把这些公式列出来,便于读者记忆:

(1) $(c)' = 0$,(c 是常数);   (2) $(x^\mu)' = \mu x^{\mu-1}$;

(3) $(a^x)' = a^x \ln a$;   (4) $(e^x)' = e^x$;

(5) $(\log_a x)' = \dfrac{1}{x \ln a}$;   (6) $(\ln x)' = \dfrac{1}{x}$;

(7) $(\sin x)' = \cos x$;   (8) $(\cos x)' = -\sin x$;

(9) $(\tan x)' = \sec^2 x$;   (10) $(\cot x)' = -\csc^2 x$;

(11) $(\sec x)' = \sec x \tan x$;   (12) $(\csc x)' = -\csc x \cot x$;

（13）$(\arcsin x)' = \dfrac{1}{\sqrt{1-x^2}}$；   （14）$(\arccos x)' = -\dfrac{1}{\sqrt{1-x^2}}$；

（15）$(\arctan x)' = \dfrac{1}{1+x^2}$；   （16）$(\operatorname{arccot} x)' = -\dfrac{1}{1+x^2}$.

解决问题

解 $Q'(t) = (3t^2 - t)' = 3(t^2)' - (t)' = 6t - 1$.

巩固练习

习题 2.2

1. 推导余切函数和余割函数的导数公式：

（1）$(\cot x)' = -\csc^2 x$；

（2）$(\csc x)' = -\csc x \cot x$.

2. 求下列函数的导数：

（1）$y = 3x^2 - \dfrac{2}{x^2} + 5$； （2）$y = x^2(2 + \sqrt{x})$；

（3）$y = x^2 \cos x$； （4）$y = 3e^x \cos x$；

（5）$y = a^x + e^x$； （6）$y = e^x(x^2 - 3x + 1)$；

（7）$y = 3a^x - \dfrac{2}{x}$； （8）$y = 2\tan x + \sec x - 1$；

（9）$y = \sin x \cos x$； （10）$y = (x-1)(x-2)(x-3)$；

（11）$y = \dfrac{x-1}{x+1}$； （12）$y = \dfrac{e^x}{x^2} + \ln 3$；

（13）$s = \dfrac{1 + \sin t}{1 + \cos t}$； （14）$y = \dfrac{10^x - 1}{10^x + 1}$；

（15）$y = (2 + \sec t)\sin t$； （16）$y = \dfrac{2\csc x}{1 + x^2}$.

3. 求下列函数在给定点处的导数：

（1）$y = \sin x - \cos x$，求 $y'\big|_{x=\frac{\pi}{6}}$ 和 $y'\big|_{x=\frac{\pi}{4}}$；

（2）$\rho = \varphi \sin \varphi + \dfrac{1}{2}\cos\varphi$，求 $\dfrac{d\rho}{d\varphi}\bigg|_{\varphi=\frac{\pi}{4}}$；

（3） $f(t) = \dfrac{1-\sqrt{t}}{1+\sqrt{t}}$，求 $f'(4)$．

4．以初速 v_0 上抛的物体，其上升高度 s 与时间 t 的关系是 $s = v_0 t - \dfrac{1}{2}gt^2$．求：

（1）该物体的速度 $v(t)$；

（2）该物体达到最高点的时刻．

2.3　复合函数的求导法则与高阶导数

✎ 提出问题

问题　如图 2.2 所示，电容器在充电的程中，两端电压逐渐增大，直至充电结束．

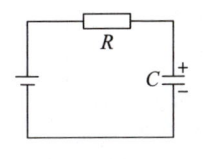

图 2.2

充电过程中，电容器的电压为 $u_C = 10\left(1 - e^{-\frac{t}{20}}\right)$，求电容器的充电速度．

✎ 知识储备

2.3.1　复合函数的求导法则

在学习复合函数的求导法则之前，来看一个例子：求 $y = \sin 2x$ 的导数．

由于 $(\sin x)' = \cos x$，故 $(\sin 2x)' = \cos 2x$．

这个解答正确吗？

这个解答是错误的，正确的解答应该如下：

$$(\sin 2x)' = (2\sin x \cos x)' = 2[(\sin x)' \cos x + \sin x (\cos x)'] = 2\cos 2x$$

发生错误的原因是 $\sin 2x$ 是对自变量 x 求导，而不是对 $2x$ 求导，它是复合函数．关于复合函数的求导有如下的法则．

-47-

定理 设函数 $u = \varphi(x)$ 在点 x 处可导，而函数 $y = f(u)$ 在对应点 $u = \varphi(x)$ 处可导，则复合函数 $y = f(\varphi(x))$ 在点 x 处可导，且有

$$\frac{dy}{dx} = \frac{dy}{du} \cdot \frac{du}{dx} = f'(u) \cdot \varphi'(x) \text{ 或 } y'_x = y'_u \cdot u'_x$$

由此定理可知，复合函数的导数等于函数对中间变量的导数乘以中间变量对自变量的导数，该法则可以推广到多个中间变量的情形. 我们以两个中间变量为例，设 $y = f(u), u = \varphi(v), v = \psi(x)$，则

$$\frac{dy}{dx} = \frac{dy}{du} \cdot \frac{du}{dx}, \text{ 而 } \frac{du}{dx} = \frac{du}{dv} \cdot \frac{dv}{dx}$$

故复合函数 $y = f(\varphi(\psi(x)))$ 的导数为

$$\frac{dy}{dx} = \frac{dy}{du} \cdot \frac{du}{dv} \cdot \frac{dv}{dx}$$

当然，这里假定上式右端所出现的导数在相应处都存在.

例 1 求函数 $y = \ln\tan x$ 的导数.

解 函数 $y = \ln\tan x$ 可看作由 $y = \ln u$，$u = \tan x$ 复合而成的，又

$$y'_u = (\ln u)' = \frac{1}{u}, \quad u'_x = (\tan x)' = \sec^2 x$$

因此

$$y'_x = y'_u \cdot u'_x = \frac{1}{u} \cdot \sec^2 x = \frac{\sec^2 x}{\tan x} = \frac{1}{\sin x \cos x}$$

例 2 已知 $y = (1+2x)^{10}$，求 y'.

解 $y = (1+2x)^{10}$ 可看作由 $y = u^{10}$ 和 $u = 1+2x$ 复合而成的，又

$$y'_u = (u^{10})' = 10u^9, \quad u'_x = (1+2x)' = 2$$

因此

$$y'_x = y'_u \cdot u'_x = 10u^9 \cdot 2 = 20u^9 = 20(1+2x)^9$$

从以上例子可以看出，应用复合函数求导法则时，先要分析所给函数可看作由哪些函数复合而成的，或者说，所给函数能分解成哪些函数. 如果所给函数能分解成比较简单的函数，而这些简单函数的导数我们已经会求，那么应用复合函数

求导法则就可以求出所给函数的导数了.

哪些函数的导数我们已经会求了呢？首先，基本初等函数的导数我们已经会求了. 其次，应用函数的和、差、积、商的求导法则，基本初等函数的和、差、积、商的导数也会求了. 所以，如果一个函数能分解成基本初等函数，或它们的和、差、积、商，我们便可求出它的导数.

故复合函数的求导关键是将复合函数分解为可以求导的若干个简单函数的复合. 在比较熟练后，中间变量可以不写出来，应用复合函数的求导公式，由外到内逐层求导，直到对自变量求导为止.

例 3 求函数 $y = \sqrt[3]{1-2x^2}$ 的导数.

解 $y' = (\sqrt[3]{1-2x^2})' = \left[(1-2x^2)^{\frac{1}{3}}\right]' = \frac{1}{3}(1-2x^2)^{-\frac{2}{3}} \cdot (1-2x^2)' = -\frac{4x}{3}(1-2x^2)^{-\frac{2}{3}}$

例 4 求函数 $y = \ln\cos 2x$ 的导数.

解 $y' = (\ln\cos 2x)' = \frac{1}{\cos 2x} \cdot (\cos 2x)' = -\frac{\sin 2x}{\cos 2x} \cdot (2x)' = -2\tan 2x$

例 5 求函数 $y = \dfrac{x}{\sqrt{1+x^2}}$ 的导数.

解 $y' = \left(\dfrac{x}{\sqrt{1+x^2}}\right)' = \dfrac{(x)'\sqrt{1+x^2} - x(\sqrt{1+x^2})'}{(\sqrt{1+x^2})^2} = \dfrac{\sqrt{1+x^2} - \dfrac{x^2}{\sqrt{1+x^2}}}{1+x^2}$

$= \dfrac{1}{(1+x^2)\sqrt{1+x^2}}$

2.3.2 高阶导数

我们知道，在物理学上变速直线运动的速度 $v(t)$ 是位移函数 $s(t)$ 对时间 t 的导数，即

$$v = \frac{ds}{dt} \text{ 或 } v = s'$$

而加速度 a 又是速度 v 对时间 t 的变化率，即速度 v 对时间 t 的导数：

$$a = \frac{dv}{dt} = \frac{d}{dt}\left(\frac{ds}{dt}\right) \text{ 或 } a = (s')'$$

这种导数的导数 $\frac{d}{dt}\left(\frac{ds}{dt}\right)$ 叫作 s 对 t 的二阶导数．记作：

$$\frac{d^2s}{dt^2} \text{ 或 } s''$$

所以，直线运动的加速度就是位移函数 s 对时间 t 的二阶导数．

一般地，函数 $y = f(x)$ 的导数 $y' = f'(x)$ 仍然是 x 的函数，我们把 $y' = f'(x)$ 的导数叫作函数 $y = f(x)$ 的二阶导数，记作 y'' 或 $\frac{d^2y}{dx^2}$，即

$$y'' = (y')' \text{ 或 } \frac{d^2y}{dx^2} = \frac{d}{dx}\left(\frac{dy}{dx}\right)$$

相应地，把 $f'(x)$ 叫作函数 $y = f(x)$ 的一阶导数．

类似地，二阶导数的导数叫作三阶导数，三阶导数的导数叫作四阶导数，依此类推，一般地，$(n-1)$ 阶导数的导数叫作 n 阶导数，分别记作：

$$y''', y^{(4)}, \cdots, y^{(n)}$$

或

$$\frac{d^3y}{dx^3}, \frac{d^4y}{dx^4}, \cdots, \frac{d^ny}{dx^n}$$

函数 $y = f(x)$ 具有 n 阶导数，也常说成函数 $f(x)$ 为 n 阶可导．如果函数 $f(x)$ 在点 x 处具有 n 阶导数，那么 $f(x)$ 在点 x 的某一邻域内必定具有一切低于 n 阶的导数．二阶及二阶以上的导数统称为高阶导数．

由此可见，求高阶导数就是多次接连地求导．所以，仍可应用前面学过的求导方法来计算高阶导数．

例 6 求函数 $y = 2x^3 - 3x^2 + 5$ 的二阶导数 y''．

解 $y' = (2x^3 - 3x^2 + 5)' = 6x^2 - 6x$

$y'' = (y')' = (6x^2 - 6x)' = 12x - 6$

例 7 求函数 $y = e^x \cos x$ 的二阶导数．

解 $y' = (e^x \cos x)' = e^x \cos x - e^x \sin x = e^x (\cos x - \sin x)$

$y'' = (y')' = [e^x (\cos x - \sin x)]' = e^x (\cos x - \sin x) - e^x (\cos x + \sin x)$

$\quad\; = -2e^x \sin x$

例 8 【刹车测试】在测试一辆汽车的刹车性能时发现，刹车后汽车行驶的距离 s（单位：m）与时间 t（单位：s）满足 $s = 19.2t - 0.4t^3$．假设汽车做直线运动，求汽车在 $t = 4$ s 时的速度和加速度．

解 根据导数的物理意义，汽车的速度是距离 s 对时间 t 的一阶导数，即

$$v = s' = (19.2t - 0.4t^3)' = 19.2 - 1.2t^2$$

汽车的加速度是距离 s 对时间 t 的二阶导数，即

$$a = s'' = (s')' = (19.2 - 1.2t^2)' = -2.4t$$

当 $t = 4$ s 时，汽车的速度和加速度分别是

$$v|_{t=4} = (19.2 - 1.2t^2)|_{t=4} = 0 \text{ m/s}$$

$$a|_{t=4} = -2.4t|_{t=4} = -9.6 \text{ m/s}^2$$

🖊 解决问题

解 充电速度反映电压随时间变化的快慢程度，也就是变化率．因此，求任意时刻的电容器充电速度，就是求电压对时间的导数，即

$$\frac{du_C}{dt} = \left[10\left(1 - e^{-\frac{t}{20}}\right)\right]' = -10(e^{-\frac{t}{20}})' = -10e^{-\frac{t}{20}} \cdot \left(-\frac{t}{20}\right)' = \frac{e^{-\frac{t}{20}}}{2}$$

🖊 巩固练习

习题 2.3

1．求下列函数的导数：

（1）$y = (2x + 5)^4$；

（2）$y = \cos(4 - 3x)$；

(3) $y = e^{-3x^2}$; (4) $y = \ln(1+x^2)$;

(5) $y = \sin^2 x$; (6) $y = \sqrt{a^2 - x^2}$;

(7) $y = \tan x^2$; (8) $y = \ln \cos x$;

(9) $y = \ln(x + \sqrt{a^2 + x^2})$; (10) $y = e^{-\frac{x}{2}} \cos 3x$.

2. 求下列函数在指定点处的导数:

(1) $y = \sqrt[3]{4 - 3x}$, 在 $x = 1$ 处;

(2) $y = \ln \tan x$, 在 $x = \dfrac{\pi}{6}$ 处;

(3) $y = \ln \dfrac{2 - x^2}{x^3 + 2}$, 在 $x = -1$ 处.

3. 求曲线 $y = (x+1)\sqrt{3-x}$ 在点 $(-1, 0)$ 处的切线方程.

4. 求下列函数的二阶导数:

(1) $y = 2x^2 + \ln x$; (2) $y = e^{2x-1}$; (3) $y = x \cos x$;

(4) $y = e^{-t} \sin t$; (5) $y = \sqrt{a^2 - x^2}$; (6) $y = \dfrac{2x^3 + \sqrt{x} + 4}{x}$.

5. 已知物体的运动规律为 $s = A \sin \omega t$ (A、ω 是常数),求物体运动的加速度,并验证:

$$\dfrac{d^2 s}{dt^2} + \omega^2 s = 0$$

2.4 函数的微分

✐ 提出问题

问题　设有一个负载的电阻 $R = 36\,\Omega$,现负载功率 P 从 $400\,\text{W}$ 变化到 $401\,\text{W}$,问负载两端电压 U 大约变化了多少?

✐ 知识储备

在实际问题中,经常还会遇到与导数密切相关的另一类问题,即当自变量有一个微小变化时,要求计算函数相应的增量. 一般来说,计算函数的增量是比较困难的,本章将用无穷小的观点来处理这个问题,并由此建立微分的概念,进而讨论微分公式、微分运算法则以及微分在近似计算方面的应用.

2.4.1 微分的定义

学习函数的微分之前，我们先来分析一个具体问题：一块正方形金属薄片受温度变化的影响，其边长由 x_0 变到了 $x_0 + \Delta x$（图 2.3），则此薄片的面积改变了多少？

设此薄片的边长为 x，面积为 A，则 A 是 x 的函数：$A = x^2$. 薄片受温度变化的影响时面积的改变量，可以看成是当自变量 x 自 x_0 取得增量 Δx 时，函数 A 相应的增量 ΔA，即

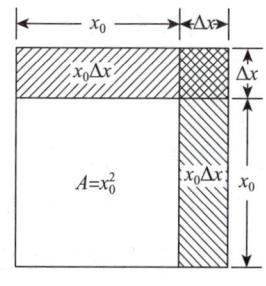

$$\Delta A = (x_0 + \Delta x)^2 - x_0^2 = 2x_0 \Delta x + (\Delta x)^2$$

图 2.3

从上式可以看出，ΔA 分成两部分，第一部分 $2x_0\Delta x$ 是 Δx 的线性函数，即图中带有斜线的两个矩形面积之和；而第二部分 $(\Delta x)^2$ 在图中是带有交叉斜线的小正方形的面积，当 $\Delta x \to 0$ 时，第二部分 $(\Delta x)^2$ 是比 Δx 更高阶的无穷小，即 $(\Delta x)^2 = o(\Delta x)(\Delta x \to 0)$. 由此可见，如果边长改变很微小，即 $|\Delta x|$ 很小时，面积的改变量 ΔA 可近似地用第一部分来代替，即

$$\Delta A \approx 2x_0 \Delta x$$

因为 $f'(x_0) = 2x_0$，所以上式可写成 $\Delta A \approx f'(x_0)\Delta x$. 一般地，对于函数 $y = f(x)$，只要它在点 x_0 处的导数存在且 $f'(x_0) \neq 0$，则当 $|\Delta x|$ 很小时，便有近似计算公式 $\Delta y \approx f'(x_0)\Delta x$，而舍掉的是一个高阶无穷小，此时我们把 $f'(x_0)\Delta x$ 叫作 $y = f(x)$ 在点 x_0 处的微分.

📢 **定义** 若函数 $y = f(x)$ 在点 x_0 处具有导数 $f'(x_0)$，则 $f'(x_0)\Delta x$ 叫作函数 $y = f(x)$ 在点 x_0 处的微分，记为 $dy|_{x=x_0}$，即

$$dy|_{x=x_0} = f'(x_0)\Delta x$$

一般地，函数 $y = f(x)$ 在点 x 处的微分叫作函数的微分，记为 dy，即

$$dy = f'(x)\Delta x$$

通常把自变量的增量称为自变量的微分，记为 dx，即 $dx = \Delta x$. 于是函数的微分 dy 又可记作：

$$dy = f'(x)dx$$

从而有

$$\frac{dy}{dx} = f'(x)$$

这就是说，函数的微分 dy 与自变量的微分之商 dx 等于该函数的导数．因此，导数也叫作"微商"．

可以看出，若已知函数 $y = f(x)$ 的导数 $f'(x)$，则由 $dy = f'(x)dx$ 可求出它的微分 dy；反之，若已知函数 $y = f(x)$ 的微分 dy，则由 $\frac{dy}{dx} = f'(x)$ 可求得它的导数．因此，可导与可微是等价的，我们把求导数和求微分的方法统称为微分法．

注 求函数的导数和微分的运算虽然可以互通，但它们的含义不同．一般地，导数反映了函数的变化率，微分反映了自变量发生微小变化时函数的改变量．

例 1 求函数 $y = x^3$ 当 $x = 2$，$\Delta x = 0.02$ 时的微分．

解 先求函数 $y = x^3$ 在任意点 x 处的微分：

$$dy = (x^3)' \Delta x = 3x^2 \Delta x$$

再求函数 $y = x^3$ 当 $x = 2$，$\Delta x = 0.02$ 时的微分：

$$dy\big|_{\substack{x=2 \\ \Delta x=0.02}} = (x^3)' \Delta x \big|_{\substack{x=2 \\ \Delta x=0.02}} = 3 \times 2 \times 0.02 = 0.12$$

2.4.2 微分的几何意义

如图 2.4 所示，设曲线 $y = f(x)$ 上点 M 的坐标为 $(x_0, f(x_0))$，过点 M 作曲线的切线 MT，它的倾斜角为 α．当自变量 x 在点 x_0 处有一个微小的增量 Δx 时，就得到曲线上另一点 $N(x_0 + \Delta x, f(x_0 + \Delta x))$，相应地，曲线的纵坐标有一增量 Δy．从图中可以看出：

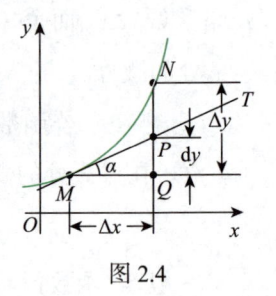

$$dx = \Delta x = MQ, \quad \Delta y = QN$$

图 2.4

设过点 M 的切线 MT 与 QN 相交于点 P，则 MT 的斜率为

$$\tan \alpha = f'(x_0) = \frac{QP}{MQ}$$

所以，函数 $y = f(x)$ 在 $x = x_0$ 处的微分为

$$dy = f'(x_0)dx = \frac{QP}{MQ} \cdot MQ = QP$$

因此，函数 $y=f(x)$ 在 $x=x_0$ 处的微分就是曲线 $y=f(x)$ 在点 $M(x_0,f(x_0))$ 处的切线 MT 的纵坐标对应于 Δx 的增量．

由图 2.4 还可以看出，当 $f'(x_0)\neq 0$ 且 $|\Delta x|$ 很小时，$|\Delta y-\mathrm{d}y|$ 比 $|\Delta x|$ 小很多．因此，在点 M 的邻近区域，可以用切线段来近似代替曲线段．

2.4.3 微分公式与微分运算法则

根据函数微分的表达式

$$\mathrm{d}y = f'(x)\mathrm{d}x$$

可知，函数的微分等于函数的导数乘以自变量的微分（改变量），由此可以得到基本初等函数的微分公式和微分运算法则．

1. 微分的基本公式

（1）$\mathrm{d}(C)=0$；

（2）$\mathrm{d}(x^\alpha)=\alpha x^{\alpha-1}\mathrm{d}x$；

（3）$\mathrm{d}(a^x)=a^x\ln a\mathrm{d}x$；

（4）$\mathrm{d}(\mathrm{e}^x)=\mathrm{e}^x\mathrm{d}x$；

（5）$\mathrm{d}(\log_a x)=\dfrac{1}{x\ln a}\mathrm{d}x$；

（6）$\mathrm{d}(\ln x)=\dfrac{1}{x}\mathrm{d}x$；

（7）$\mathrm{d}(\sin x)=\cos x\mathrm{d}x$；

（8）$\mathrm{d}(\cos x)=-\sin x\mathrm{d}x$；

（9）$\mathrm{d}(\tan x)=\sec^2 x\mathrm{d}x$；

（10）$\mathrm{d}(\cot x)=-\csc^2 x\mathrm{d}x$；

（11）$\mathrm{d}(\sec x)=\tan x\sec x\mathrm{d}x$；

（12）$\mathrm{d}(\csc x)=-\cot x\csc x\mathrm{d}x$；

（13）$\mathrm{d}(\arcsin x)=\dfrac{1}{\sqrt{1-x^2}}\mathrm{d}x$；

（14）$\mathrm{d}(\arccos x)=-\dfrac{1}{\sqrt{1-x^2}}\mathrm{d}x$；

（15）$\mathrm{d}(\arctan x)=\dfrac{1}{1+x^2}\mathrm{d}x$；

（16）$\mathrm{d}(\mathrm{arccot}\,x)=-\dfrac{1}{1+x^2}\mathrm{d}x$．

2. 微分的四则运算法则

（1）$\mathrm{d}(u\pm v)=\mathrm{d}u\pm\mathrm{d}v$；

（2）$\mathrm{d}(uv)=v\mathrm{d}u+u\mathrm{d}v$；

（3）$\mathrm{d}(Cu)=C\mathrm{d}u$；

（4）$\mathrm{d}\left(\dfrac{u}{v}\right)=\dfrac{v\mathrm{d}u-u\mathrm{d}v}{v^2}$．

3. 复合函数的微分法则

我们知道，若函数 $y=f(u)$ 对 u 是可导的，则

（1）当 u 是自变量时，此时函数的微分为

$$\mathrm{d}y=f'(u)\mathrm{d}u$$

（2）当 u 不是自变量，而 $u=\varphi(x)$ 为 x 的可导函数时，则 y 为 x 的复合函数，根据

复合函数求导公式，y 对 x 的导数为

$$\frac{\mathrm{d}y}{\mathrm{d}x} = f'(u)\varphi'(x)$$

于是

$$\mathrm{d}y = f'(u)\varphi'(x)\mathrm{d}x$$

但是 $\varphi'(x)\mathrm{d}x$ 就是函数 $u = \varphi(x)$ 的微分，即 $\mathrm{d}u = \varphi'(x)\mathrm{d}x$，所以

$$\mathrm{d}y = f'(u)\mathrm{d}u$$

由此可见，对函数 $y = f(u)$ 来说，无论 u 是自变量还是自变量的可导函数，函数的微分都有 $\mathrm{d}y = f'(u)\mathrm{d}u$ 的形式，这一性质叫作微分形式不变性．

复合函数的微分法则：若 $y = f(u)$，$u = \varphi(x)$，且都可导，则复合函数 $y = f(\varphi(x))$ 的微分为

$$\mathrm{d}y = f'(u)\varphi'(x)\mathrm{d}x$$

例 2 设 $y = \sin 2x$，求 $\mathrm{d}y$．

解 方法一（利用微分的定义）：

因为 $y' = (\sin 2x)' = \cos 2x \cdot (2x)' = 2\cos 2x$

所以 $\mathrm{d}y = y'\mathrm{d}x = 2\cos 2x \mathrm{d}x$

方法二（利用微分法则）：

$$\mathrm{d}y = \mathrm{d}(\sin 2x) = \cos 2x \mathrm{d}(2x) = 2\cos 2x \mathrm{d}x.$$

例 3 设 $y = \ln(1 + e^{x^2})$，求 $\mathrm{d}y$．

解 方法一（利用微分的定义）：

因为 $y' = [\ln(1 + e^{x^2})]' = \dfrac{1}{1 + e^{x^2}} \cdot (1 + e^{x^2})' = \dfrac{2xe^{x^2}}{1 + e^{x^2}}$

所以 $\mathrm{d}y = y'\mathrm{d}x = \dfrac{2xe^{x^2}}{1 + e^{x^2}}\mathrm{d}x$

方法二（利用微分法则）：

$$\mathrm{d}y = \mathrm{d}[\ln(1 + e^{x^2})] = \frac{1}{1 + e^{x^2}}\mathrm{d}(1 + e^{x^2}) = \frac{e^{x^2}}{1 + e^{x^2}}\mathrm{d}(x^2) = \frac{2xe^{x^2}}{1 + e^{x^2}}\mathrm{d}x$$

2.4.4 微分在近似计算中的应用

在工程问题中,经常会遇到一些复杂的计算公式,如果直接用这些公式进行计算是很费力的.利用微分往往可以把一些复杂的计算公式用简单的近似公式来代替.

前面说过,如果 $y=f(x)$ 在点 x_0 处的微分 $f'(x_0)\neq 0$,且 $|\Delta x|$ 很小,那么有

$$\Delta y \approx \mathrm{d}y = f'(x_0)\Delta x$$

上式也可以写为

$$\Delta y = f(x_0+\Delta x)-f(x_0)\approx f'(x_0)\Delta x \tag{2.1}$$

或

$$f(x_0+\Delta x)\approx f(x_0)+f'(x_0)\Delta x \tag{2.2}$$

在式(2.2)中,令 $x_0+\Delta x=x$,即 $\Delta x=x-x_0$,那么式(2.2)可以改写为

$$f(x)\approx f(x_0)+f'(x_0)(x-x_0) \tag{2.3}$$

如果 $f(x_0)$ 与 $f'(x_0)$ 都容易计算,那么可利用式(2.1)来近似计算 Δy,利用式(2.2)来近似计算 $f(x_0+\Delta x)$,或利用式(2.3)来近似计算 $f(x)$.这种近似计算的实质就是用 x 的线性函数 $f(x_0)+f'(x_0)(x-x_0)$ 来近似表达函数 $f(x)$.从导数的几何意义可知,这也是用曲线 $y=f(x)$ 在点 $(x_0,f(x_0))$ 处的切线来近似代替该曲线(就切点邻近部分来说).

例 4 如图 2.5 所示,电缆 $\overset{\frown}{AOB}$ 的长为 s,跨度为 $2l$,电缆的最低点 O 与杆顶连线 AB 的距离为 f,则电缆长可按下面公式计算:

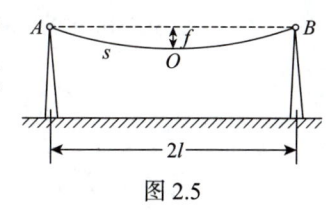

$$s=2l\left(l+\frac{2f^2}{3l^2}\right)$$

图 2.5

当 f 变化了 Δf 时,电缆的变化约为多少?

解 先求 s 对 f 的导数:

$$s'=\left[2l\left(l+\frac{2f^2}{3l^2}\right)\right]'=\frac{8f}{3l}$$

则

$$\Delta s\approx \frac{8f}{3l}\cdot \Delta f$$

例 5 有一批半径为 1 cm 的球，为了提高球面的光洁度，要镀上一层铜，厚度定为 0.01 cm. 估计一下每只球需用铜多少克（铜的密度是 8.9 g/cm³）？

解 先求出镀层的体积，再乘上密度就得到每只球需要用铜的质量.

因为镀层的体积等于两个球体体积之差，所以它就是球体体积 $V = \dfrac{4}{3}\pi R^3$ 当 $R_0 = 1$，$\Delta R = 0.01$ 时的增量 ΔV. 我们求 V 对 R 的导数：

$$V'\big|_{R=R_0} = \left(\frac{4}{3}\pi R^3\right)'\bigg|_{R=R_0} = 4\pi R_0^{\,2}$$

故由式（2.1）得

$$\Delta V \approx 4\pi R_0^{\,2} \Delta R$$

将 $R_0 = 1$，$\Delta R = 0.01$ 代入上式，得

$$\Delta V \approx 4\pi R_0^{\,2}\Delta R = 4 \times 3.14 \times 1^2 \times 0.01 = 0.13 \text{ cm}^3$$

于是镀每只球需用的铜约为

$$0.13 \times 8.9 \approx 1.16 \text{ g}$$

例 6 利用微分计算 $\sin 30°30'$ 的近似值.

解 把 $30°30'$ 化为弧度，得

$$30°30' = \frac{\pi}{6} + \frac{\pi}{360}$$

由于所求的是正弦函数的值，故设 $f(x) = \sin x$. 此时 $f'(x) = \cos x$. 如果 $x_0 = \dfrac{\pi}{6}$，则 $f\left(\dfrac{\pi}{6}\right) = \sin\dfrac{\pi}{6} = \dfrac{1}{2}$ 与 $f'\left(\dfrac{\pi}{6}\right) = \cos\dfrac{\pi}{6} = \dfrac{\sqrt{3}}{2}$ 都容易计算，并且 $\Delta x = \dfrac{\pi}{360}$ 比较小，应用式（2.2）便得

$$\sin 30°30' = \sin\left(\frac{\pi}{6} + \frac{\pi}{360}\right) \approx \sin\frac{\pi}{6} + \cos\frac{\pi}{6} \cdot \frac{\pi}{360} = \frac{1}{2} + \frac{\sqrt{3}}{2} \cdot \frac{\pi}{360}$$

$$\approx 0.500\,0 + 0.007\,6 = 0.507\,6$$

下面我们来推导一些常用的近似公式. 为此，在式（2.3）中取 $x_0 = 0$，于是得

$$f(x) \approx f(0) + f'(0)x \qquad (2.4)$$

应用式（2.4）可以推得以下几个工程上常用的近似公式（下面都假定$|x|$是较小的值）：

（1）$\sqrt[n]{1+x} \approx 1 + \dfrac{1}{n}x$；

（2）$\sin x \approx x$；

（3）$\tan x \approx x$；

（4）$e^x \approx 1 + x$；

（5）$\ln(1+x) \approx x$．

例7 计算$\sqrt{1.05}$的近似值．

> **解** 利用公式$\sqrt[n]{1+x} \approx 1 + \dfrac{1}{n}x$，得
>
> $$\sqrt{1.05} = \sqrt{1+0.05} \approx 1 + \dfrac{1}{2} \times 0.05 = 1.025$$

解决问题

解 由负载上消耗的功率$P = \dfrac{U^2}{36}$，可得$U = 6\sqrt{P}$，则

$$U' = (6P^{\frac{1}{2}})' = 3P^{-\frac{1}{2}}$$

功率P从400 W变化到401 W时，功率的增量为$\Delta P = 1$ W，用dU估算ΔU，得

$$\Delta U \bigg|_{\substack{\Delta P=1 \\ P=400}} \approx 3P^{-\frac{1}{2}} \cdot \Delta P = \dfrac{3 \times 1}{\sqrt{400}} = \dfrac{3}{20} = 0.15 \text{ V}$$

巩固练习

习题 2.4

1．已知$y = x^3 - x$，计算在$x = 2$处当Δx分别等于1，0.1，0.01时的Δy及dy．

2．求下列函数的微分：

（1）$y = \dfrac{1}{x} + 2\sqrt{x}$；　　　（2）$y = x\sin 2x$；　　　（3）$y = \dfrac{x}{\sqrt{x^2+1}}$；

（4）$y = [\ln(1-x)]^2$；　　　（5）$y = x^2 e^{2x}$；　　　（6）$y = e^{-x}\cos(3-x)$.

3. 将适当的函数填入下列括号内，使等式成立：

（1）d（　　）$= 2dx$；　　　（2）d（　　）$= 3xdx$；

（3）d（　　）$= \cos t dt$；　　　（4）d（　　）$= \sin\omega x dx$；

（5）d（　　）$= \dfrac{1}{1+x}dx$；　　　（6）d（　　）$= e^{-2x}dx$.

4. 计算下列各函数值的近似值：

（1）$\sin 30.5°$；　　　（2）$3^{0.05}$；

（3）$\ln 0.98$；　　　（4）$\sqrt[3]{1010}$.

第 3 章　积分学

前面我们已经讨论了一元函数的微分学，这一章我们将讨论一元函数的积分学．在一元函数的积分学中，有两个基本概念：不定积分和定积分．本章介绍这两个概念、积分的性质、积分计算的基本方法及应用．

3.1　原函数与不定积分的概念

提出问题

在研究微分学时，我们讨论了求已知函数的导数或微分的问题，但在实际问题中，我们常常碰到与此相反的问题，例如：

问题 1　已知物体在任意时刻的速度 $v(t)=s'(t)$，求物体的运动规律 $s=s(t)$；

问题 2　已知曲线在任意一点处的切线的斜率 $k=f'(x)$，求曲线方程 $y=f(x)$．

知识储备

现在问题就变成了：已知函数的导数 $F'(x)=f(x)$，求原来的那个函数 $F(x)$ 的问题了．为此我们引进原函数的概念．

3.1.1　原函数的概念

定义 1　已知 $f(x)$ 是一个定义在某区间的函数，如果存在某函数 $F(x)$，使得在该区间内的任一点 x，都有

$$F'(x)=f(x) \text{ 或 } \mathrm{d}F(x)=f(x)\mathrm{d}x$$

那么函数 $F(x)$ 称为函数 $f(x)$ 在该区间的一个原函数．

例如，当 $x \in (-\infty, +\infty)$ 时，因为 $(\sin x)' = \cos x$，所以 $\sin x$ 是 $\cos x$ 的一个原函数．

又如，当 $x \in (-\infty, +\infty)$ 时，因为有
$$(x^2)' = 2x$$
$$(x^2 + 1)' = 2x$$
$$(x^2 - \sqrt{5})' = 2x$$
$$(x^2 + C)' = 2x$$

所以 x^2，$x^2 + 1$，$x^2 - \sqrt{5}$，$x^2 + C$ 都是 $2x$ 的原函数．

显然，一个函数的原函数不是唯一的．事实上，如果 $F(x)$ 是 $f(x)$ 在区间 I 的一个原函数，即 $F'(x) = f(x) (x \in I)$，那么，对任意常数 C，均有
$$[F(x) + C]' = F'(x) = f(x) \quad (x \in I)$$
从而 $F(x) + C$ 也是 $f(x)$ 在区间 I 上的原函数．这说明，如果函数 $f(x)$ 在区间 I 上有一个原函数，那么 $f(x)$ 在 I 上就有无穷多个原函数．如果函数 $F(x)$ 和 $G(x)$ 都是函数 $f(x)$ 在区间 I 上的原函数，那么
$$[G(x) - F(x)]' = G'(x) - F'(x) = f(x) - f(x) = 0 \quad (x \in I)$$
从而 $G(x) - F(x) = C$，即 $G(x) = F(x) + C$，其中 C 为某个常数．因此，如果函数 $f(x)$ 在区间 I 上有一个原函数 $F(x)$，那么 $f(x)$ 在区间 I 上的全体原函数组成的集合为函数族 $\{F(x) + C, -\infty < C < +\infty\}$．

3.1.2 不定积分的定义

定义 2 如果函数 $f(x)$ 在区间 I 上有原函数，那么称 $f(x)$ 在 I 上的全体原函数组成的函数族为函数 $f(x)$ 在区间 I 上的不定积分，记为
$$\int f(x) \mathrm{d}x$$
其中记号 $\int$ 称为**积分号**，$f(x)$ 称为**被积函数**，$f(x) \mathrm{d}x$ 称为**被积表达式**，x 称为**积分变量**．

由定义 2 以及前面的说明知，如果 $F(x)$ 是 $f(x)$ 在区间 I 上的一个原函数，那么 $\int f(x) \mathrm{d}x = F(x) + C$，**其中 C 为任意常数**．

例如，因为 $(\sin x)' = \cos x$，所以 $\int \cos x \mathrm{d}x = \sin x + C$；

因为 $(\arcsin x)' = \dfrac{1}{\sqrt{1-x^2}}$，所以 $\displaystyle\int \dfrac{1}{\sqrt{1-x^2}} dx = \arcsin x + C$．

一个函数要具备什么条件，才能保证它的原函数一定存在呢？关于这个问题，我们有如下结论（证明略去）．

▶ **定理**　（原函数存在定理）如果函数 $f(x)$ 在区间 I 上连续，那么 $f(x)$ 在区间 I 上一定有原函数，即一定存在区间 I 上的可导函数 $F(x)$，使得

$$F'(x) = f(x) \quad (x \in I)$$

简单地说就是连续函数必有原函数．由于初等函数在其定义区间上连续，因此初等函数在其定义区间上一定有原函数．

怎样求一个连续函数的原函数或不定积分呢？后面几节再讨论这个问题．下面仅给出一些求简单函数的不定积分的例子．

例 1　求下列函数的不定积分：

（1）$\displaystyle\int 2x \, dx$；　　　　　　（2）$\displaystyle\int e^x \, dx$．

解　（1）因为 $(x^2)' = 2x$，所以 x^2 为函数 $2x$ 的一个原函数．故

$$\int 2x \, dx = x^2 + C$$

（2）因为 $(e^x)' = e^x$，所以 e^x 为函数 e^x 的一个原函数．故

$$\int e^x \, dx = e^x + C$$

3.1.3　不定积分的性质

由不定积分的概念可知，"求不定积分"与"求导"或"求微分"互为逆运算，所以有下列性质．

性质 1　$\left[\displaystyle\int f(x) \, dx\right]' = f(x)$ 或 $d\left[\displaystyle\int f(x) \, dx\right] = f(x) \, dx$．

性质 2　$\displaystyle\int F'(x) \, dx = F(x) + C$ 或 $\displaystyle\int dF(x) = F(x) + C$．

例 2　写出下列各式的结果：

（1）$\left(\displaystyle\int \dfrac{\arcsin x}{1+x^2} dx\right)'$；　　　　（2）$\displaystyle\int d(e^x \sin x)$．

解 （1）$\left(\int \dfrac{\arcsin x}{1+x^2} dx\right)' = \dfrac{\arcsin x}{1+x^2}$；

（2）$\int d(e^x \sin x) = e^x \sin x + C$.

3.1.4　不定积分的几何意义

例3　设曲线通过点$(1,0)$，且曲线上任一点处的切线斜率等于该点横坐标的两倍，试求此曲线的方程.

解　设曲线方程为$y=f(x)$，则由已知，曲线在点$(x,f(x))$处的斜率为$2x$，即

$$f'(x) = 2x$$

这就是说$f(x)$是$2x$的一个原函数.

又因为$(x^2)' = 2x$，所以x^2是$2x$的一个原函数，但是$2x$的全部原函数是$x^2 + C$，所以$f(x)$只是$x^2 + C$中的某一个，也就是说，所求曲线$y=f(x)$只是曲线族$y = x^2 + C$中的某一条，并且一定会经过点$(1, 0)$.

把$x=1, y=0$代入$y = x^2 + C$中，得$C = -1$. 于是所求曲线方程为

$$y = x^2 - 1$$

一般地，在直角坐标系中，$f(x)$的任意一个原函数$F(x)$的图形是一条曲线$y = F(x)$，这条曲线上任意点$(x, F(x))$处的切线的斜率$F'(x)$恰为函数值$f(x)$，称这条曲线$y = F(x)$为$f(x)$的一条积分曲线.

$f(x)$的不定积分$F(x) + C$在几何上表示由积分曲线$y = F(x)$沿y轴上下平移而得到的一组曲线，称为**积分曲线族**，如图3.1所示.

因为$[F(x) + C]' = f(x)$，所以积分曲线族上横坐标相同的点处的切线的斜率相等，即切线都平行.

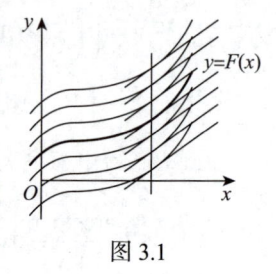

图3.1

解决问题

解 问题 1 已知物体在任意时刻的速度 $v(t) = s'(t)$，则物体的运动规律为
$$s(t) = \int v(t)\,dt$$

问题 2 已知曲线在任意一点处的切线的斜率 $k = f'(x)$，则曲线方程为
$$y = \int k\,dx = \int f'(x)\,dx$$

巩固练习

习题 3.1

1. 求下列函数 $f(x)$ 的一个原函数：

（1）$f(x) = x^3$；
（2）$f(x) = 3^x$；
（3）$f(x) = \sin 2x$；
（4）$f(x) = \dfrac{1}{1+x^2}$．

2. 用微分法验证下列等式：

（1）$\int \dfrac{1}{x^2}\,dx = -\dfrac{1}{x} + C$；

（2）$\int (x^2 + 3x - 5)\,dx = \dfrac{1}{3}x^3 + 6x^2 - 5x + C$；

（3）$\int \dfrac{2x}{1+x^2}\,dx = \ln(1+x^2) + C$．

3. 用不定积分的定义求下列不定积分：

（1）$\int \dfrac{1}{1+x^2}\,dx$；
（2）$\int \sec^2 x\,dx$；
（3）$\int x^4\,dx$；
（4）$\int \sqrt[5]{x}\,dx$．

4. 运用不定积分的性质写出下列各式的结果：

（1）$\int \left(\dfrac{\cos 3x}{\sin^2 x} \right)' dx$；

（2）$\int d(e^{2x} \cos 5x)$；

（3）$d\int \dfrac{x^2}{e^x + 1}\,dx$；

（4）$\left[\int x^3 \ln(x^2+1)\,dx \right]'$．

5. 已知某曲线上任意一点 (x, y) 处的斜率为 x^2，且曲线通过点 $A(3, 0)$，求该曲线方程．

3.2 不定积分的运算法则与积分法

📝 提出问题

问题 1 一物体做直线运动,其速度方程 $v(t)=(2t^2+1)$,当 $t=1$ 时,物体所经过的路程为 3,求物体的运动方程.

问题 2 已知某产品收益函数 $R(x)$ 是产量 x 的函数,且 $R'(x)=100-0.02x$,求该产品的收益函数 $R(x)$.

📝 知识储备

3.2.1 不定积分的基本公式

积分运算与微分运算互为逆运算,因此可以很自然地从导数或微分的基本公式得到相应的基本积分公式.将这些基本积分公式罗列如下:

(1) $\int \mathrm{d}x = x + C$;

(2) $\int x^\alpha \mathrm{d}x = \dfrac{1}{\alpha+1} x^{\alpha+1} + C (a \neq -1)$;

(3) $\int \dfrac{1}{x} \mathrm{d}x = \ln|x| + C$;

(4) $\int \mathrm{e}^x \mathrm{d}x = \mathrm{e}^x + C$;

(5) $\int a^x \mathrm{d}x = \dfrac{a^x}{\ln a} + C$;

(6) $\int \cos x \mathrm{d}x = \sin x + C$;

(7) $\int \sin x \mathrm{d}x = -\cos x + C$;

(8) $\int \dfrac{1}{\cos^2 x} \mathrm{d}x = \int \sec^2 x \mathrm{d}x = \tan x + C$;

(9) $\int \dfrac{1}{\sin^2 x} \mathrm{d}x = \int \csc^2 x \mathrm{d}x = -\cot x + C$;

(10) $\int \sec x \tan x \mathrm{d}x = \sec x + C$;

(11) $\int \csc x \cot x \, dx = -\csc x + C$;

(12) $\int \dfrac{1}{\sqrt{1-x^2}} dx = \arcsin x + C$;

(13) $\int \dfrac{1}{1+x^2} dx = \arctan x + C$.

以上 13 个基本积分公式是求不定积分的基础，其他函数的不定积分往往经过运算变形后，最终都归结为这些不定积分，因此必须牢牢记住．下面举例说明如何利用这些公式计算一些简单的不定积分．

例 1 求下列不定积分：

(1) $\int \dfrac{1}{\sqrt{x}} dx$； (2) $\int x\sqrt{x} \, dx$；

(3) $\int 3^x dx$； (4) $\int \dfrac{1}{x} dx$．

解 (1) $\int \dfrac{1}{\sqrt{x}} dx = \int x^{-\frac{1}{2}} dx = \dfrac{1}{-\dfrac{1}{2}+1} x^{-\frac{1}{2}+1} + C = 2\sqrt{x} + C$；

(2) $\int x\sqrt{x} \, dx = \int x^{\frac{3}{2}} dx = \dfrac{2}{5} x^{\frac{5}{2}} + C$；

(3) $\int 3^x dx = \dfrac{3^x}{\ln 3} + C$；

(4) 因为 $x > 0$ 时，$(\ln x)' = \dfrac{1}{x}$，又 $x < 0$ 时，$[\ln(-x)]' = \dfrac{-1}{-x} = \dfrac{1}{x}$，所以

$\int \dfrac{1}{x} dx = \ln|x| + C$．

3.2.2　不定积分的基本运算法则

仅仅有以上的基本积分公式是不够的，即使像 $\tan x$，$\cot x$，$\sec x$，$\csc x$ 这样一些基本初等函数，也无法直接利用以上基本积分公式给出它们的不定积分．因此，有必要由一些求导法则去导出相应的求不定积分的方法，并逐步扩充不定积分公式．这里首先从导数的加减运算得到不定积分的线性运算法则．

法则 1 两个函数的和（或差）的不定积分等于函数的不定积分的和（或差），即

$$\int [f(x) \pm g(x)] dx = \int f(x) dx \pm \int g(x) dx$$

以上法则可以推广到有限多个函数相加减的情形.

法则 2 被积函数中非零的常数因子可以提到积分号外面来，即

$$\int k f(x) dx = k \int f(x) dx \quad (k \neq 0 \text{ 为常数})$$

例 2 求下列不定积分：

（1）$\int (2x^2 + e^x - 3) dx$；

（2）$\int \left(2\sin x + \dfrac{3}{1+x^2} - \dfrac{7}{\sqrt{1-x^2}} \right) dx$.

解（1）$\int (2x^2 + e^x - 3) dx = 2\int x^2 dx + \int e^x dx - \int 3 dx$

$$= \dfrac{2}{3}x^3 + C_1 + e^x + C_2 - 3x + C_3$$

$$= \dfrac{2}{3}x^3 + e^x - 3x + C$$

（2）$\int \left(2\sin x + \dfrac{3}{1+x^2} - \dfrac{7}{\sqrt{1-x^2}} \right) dx$

$$= 2\int \sin x dx + \int \dfrac{3}{1+x^2} dx - \int \dfrac{7}{\sqrt{1-x^2}} dx$$

$$= -2\cos x + 3\arctan x - 7\arcsin x + C$$

3.2.3 直接积分法

在求积分问题中，我们可以直接利用基本积分公式和两条运算法则求出结果，但有时，被积函数需要经过适当的恒等变形（包括代数变形和三角变形），再利用基本积分公式和运算法则求出结果. 这样的求积分的方法叫作直接积分法.

例 3 求下列不定积分：

（1）$\int \dfrac{(x-1)^2}{x} dx$；　　　　　（2）$\int \dfrac{x^2}{1+x^2} dx$；

（3）$\int \dfrac{1+2x^2}{x^2(1+x^2)} dx$；　　　　（4）$\int \tan^2 x dx$；

（5）$\int \cos^2 \dfrac{x}{2} dx$； （6）$\int 2^x e^x dx$．

解 （1）$\int \dfrac{(x-1)^2}{x} dx = \int \dfrac{x^2-2x+1}{x} dx = \int \left(x-2+\dfrac{1}{x}\right) dx = \dfrac{1}{2}x^2 - 2x + \ln|x| + C$；

（2）$\int \dfrac{x^2}{1+x^2} dx = \int \dfrac{(x^2+1)-1}{1+x^2} dx = \int \left(1 - \dfrac{x^2}{1+x^2}\right) dx = x - \arctan x + C$；

（3）$\int \dfrac{1+2x^2}{x^2(1+x^2)} dx = \int \dfrac{x^2+(1+x^2)}{x^2(1+x^2)} dx = \int \left(\dfrac{1}{1+x^2} + \dfrac{1}{x^2}\right) dx = \arctan x - \dfrac{1}{x} + C$；

（4）$\int \tan^2 x dx = \int (\sec^2 x - 1) dx = \tan x - x + C$；

（5）$\int \cos^2 \dfrac{x}{2} dx = \int \dfrac{1+\cos x}{2} dx = \dfrac{1}{2} \int (1+\cos x) dx = \dfrac{1}{2}(x + \sin x) + C$；

（6）$\int 2^x e^x dx = \int (2e)^x dx = \dfrac{(2e)^x}{\ln(2e)} + C$．

3.2.4 第一类换元积分法（或凑微分法）

先分析下面的例子：求 $\int \cos 4x dx$．

首先我们注意到，在基本积分公式中有
$$\int \cos x dx = \sin x + C$$
把上述公式中的积分变量 x 换成 u，则有
$$\int \cos u du = \sin u + C$$
但是求 $\int \cos 4x dx$ 时不能直接应用．为了能套用上述公式，先作如下变形，然后进行计算，即

$$\int \cos 4x dx = \dfrac{1}{4} \int \cos 4x \cdot 4 dx = \dfrac{1}{4} \int \cos 4x d(4x)$$
$$\xlongequal{u=4x} \dfrac{1}{4} \int \cos u du = \dfrac{1}{4} \sin u + C = \dfrac{1}{4} \sin 4x + C$$

验证：因为 $\left(\dfrac{1}{4}\sin 4x + C\right)' = \cos 4x$，所以 $\dfrac{1}{4}\sin 4x + C$ 是 $\cos 4x$ 的原函数，也说明上面的计算思路是可行的．在求上面这个积分时，我们引入了新变量 $u = \varphi(x)$，从而把原积分化为关于 u 的一个简单积分，再运用基本积分公式求解．

事实上，由

$$\int f(x)\,\mathrm{d}x = F(x) + C$$

得
$$\mathrm{d}F(x) = f(x)\,\mathrm{d}x$$

根据微分形式的不变性可知

$$\mathrm{d}F(u) = f(u)\,\mathrm{d}u$$

从而根据不定积分的定义，有

$$\int f(u)\,\mathrm{d}u = F(u) + C$$

这个结论说明，在基本积分公式中，自变量 x 换成任一可导函数 $u = \varphi(x)$ 时，公式仍然成立．这就大大扩充了基本积分公式的使用范围．

应用这一结论，上述例子所运用的方法可归纳成下列计算过程：

$$\begin{aligned}
\int g(x)\,\mathrm{d}x &= \int f(\varphi(x))\varphi'(x)\,\mathrm{d}x \\
&= \int f(\varphi(x))\,\mathrm{d}\varphi(x) \\
&= \int f(u)\,\mathrm{d}u \\
&= F(u) + C \\
&= F(\varphi(x)) + C
\end{aligned}$$

通常把这种求积分的方法叫作第一类换元积分法．上述步骤中，关键是怎样选择适当的变量代换 $u = \varphi(x)$，将 $g(x)\,\mathrm{d}x$ 凑成 $f(\varphi(x))\,\mathrm{d}\varphi(x)$，因此第一类换元积分法也称为凑微分法．

例 4 求不定积分 $\int \sin 3x\,\mathrm{d}x$．

解 被积函数 $\sin 3x$ 是一个复合函数，它是由 $f(u) = \sin u$ 和 $u = 3x$ 复合而成的．因此，为了利用第一类换元积分公式，我们将 $\sin 3x$ 变形为 $\sin 3x = \dfrac{1}{3}\sin 3x(3x)'$，故有

$$\int \sin 3x dx = \frac{1}{3}\int \sin 3x (3x)' dx = \frac{1}{3}\int \sin 3x d(3x)$$
$$\xlongequal{u=3x} \frac{1}{3}\int \sin u du = \frac{1}{3}(-\cos u) + C$$
$$= -\frac{1}{3}\cos 3x + C$$

例 5 求不定积分 $\int \dfrac{1}{\sqrt{1-2x}} dx$.

解 函数 $\dfrac{1}{\sqrt{1-2x}}$ 是一个复合函数,它是由 $f(u) = \dfrac{1}{\sqrt{u}}$ 和 $u = \varphi(x) = 1 - 2x$ 复合而成的. 为了利用第一类换元积分公式,将函数 $\dfrac{1}{\sqrt{1-2x}}$ 变形为 $-\dfrac{1}{2}\dfrac{1}{\sqrt{1-2x}}(1-2x)'$.

故 $\int \dfrac{1}{\sqrt{1-2x}} dx = -\dfrac{1}{2}\int \dfrac{1}{\sqrt{1-2x}}(1-2x)' dx = -\dfrac{1}{2}\int \dfrac{1}{\sqrt{1-2x}} d(1-2x)$

$\xlongequal{u=1-2x} -\dfrac{1}{2}\int \dfrac{1}{\sqrt{u}} du = -\dfrac{1}{2} \cdot 2\sqrt{u} + C$

$= -\sqrt{1-2x} + C$

由以上各例的解题过程可以看出,要用第一类换元积分法求不定积分的主要步骤如下:

(1)变换积分形式(或凑微分),即
$$\int f(g(x)) g'(x) dx = \int f(g(x)) dg(x)$$

(2)作变量替换 $u = g(x)$,有 $\int f(g(x)) dg(x) = \int f(u) du$;

(3)利用常用的积分公式求出不定积分: $\int f(u) du = F(u) + C$;

(4)将 $u = g(x)$ 代回得 $\int f(g(x)) g'(x) dx = F(g(x)) + C$.

其中最关键的是第一步,即如何凑出合适的微分.

当比较熟练以后,就没必要将中间变量明显地设出来.

例6 求下列不定积分：

(1) $\int (3x+1)^5 \, dx$;

(2) $\int \dfrac{1}{x \ln x} \, dx$;

(3) $\int \dfrac{1}{x^2} e^{\frac{1}{x}} \, dx$;

(4) $\int e^{\sin x} \cos x \, dx$;

(5) $\int \tan x \, dx$;

(6) $\int \sec x \, dx$.

解 (1) $\int (3x+1)^5 \, dx = \dfrac{1}{3} \int (3x+1)^5 \, d(3x+1)$

$$\xrightarrow{u=3x+1} \dfrac{1}{3} \int u^5 \, du = \dfrac{1}{3} \cdot \dfrac{1}{6} u^6 + C$$

$$= \dfrac{1}{18}(3x+1)^6 + C$$

(2) $\int \dfrac{1}{x \ln x} \, dx = \int \dfrac{1}{\ln x} \, d(\ln x) = \ln |\ln x| + C$

(3) $\int \dfrac{1}{x^2} e^{\frac{1}{x}} \, dx = -\int e^{\frac{1}{x}} \, d\left(\dfrac{1}{x}\right) = -e^{\frac{1}{x}} + C$

(4) $\int e^{\sin x} \cos x \, dx = \int e^{\sin x} \, d(\sin x) = e^{\sin x} + C$

(5) $\int \tan x \, dx = \int \dfrac{\sin x}{\cos x} \, dx = -\int \dfrac{1}{\cos x} \, d(\cos x)$

$$= -\ln(\cos x) + C$$

(6) $\int \sec x \, dx = \int \dfrac{1}{\cos x} \, dx$

$$= \int \dfrac{\cos x}{\cos^2 x} \, dx = \int \dfrac{1}{1-\sin^2 x} \, d(\sin x)$$

$$= \dfrac{1}{2} \int \left(\dfrac{1}{1-\sin x} + \dfrac{1}{1+\sin x} \right) d(\sin x)$$

$$= -\dfrac{1}{2} \ln|1-\sin x| + \dfrac{1}{2} \ln|1+\sin x| + C$$

$$= \dfrac{1}{2} \ln \left| \dfrac{1+\sin x}{1-\sin x} \right| + C = \dfrac{1}{2} \ln \left| \dfrac{(1+\sin x)^2}{1-\sin^2 x} \right| + C$$

$$= \frac{1}{2}\ln\left|\frac{(1+\sin x)^2}{\cos^2 x}\right| + C = \frac{1}{2} \cdot 2\ln\left|\frac{1+\sin x}{\cos x}\right| + C$$

$$= \ln\left|\frac{1}{\cos x} + \frac{\sin x}{\cos x}\right| + C = \ln|\sec x + \tan x| + C$$

例 7 求下列不定积分：

(1) $\int \frac{1}{a^2+x^2}\mathrm{d}x\,(a\neq 0)$； (2) $\int \frac{1}{\sqrt{a^2-x^2}}\mathrm{d}x\,(a>0)$；

(3) $\int \frac{1}{a^2-x^2}\mathrm{d}x\,(a\neq 0)$.

解 (1) $\int \frac{1}{a^2+x^2}\mathrm{d}x = \int \frac{1}{a^2\left(1+\frac{x^2}{a^2}\right)}\mathrm{d}x = \frac{1}{a}\int \frac{1}{1+\left(\frac{x}{a}\right)^2}\mathrm{d}\left(\frac{x}{a}\right)$

$$= \frac{1}{a}\arctan\frac{x}{a} + C$$

(2) $\int \frac{1}{\sqrt{a^2-x^2}}\mathrm{d}x = \int \frac{1}{a\sqrt{1-\frac{x^2}{a^2}}}\mathrm{d}x = \int \frac{1}{\sqrt{1-\left(\frac{x}{a}\right)^2}}\mathrm{d}\left(\frac{x}{a}\right)$

$$= \arcsin\frac{x}{a} + C$$

(3) 因为 $\frac{1}{a^2-x^2} = \frac{1}{2a}\cdot\frac{(a-x)+(a+x)}{(a-x)(a+x)} = \frac{1}{2a}\cdot\left(\frac{1}{a+x}+\frac{1}{a-x}\right)$，故

$$\int \frac{1}{a^2-x^2}\mathrm{d}x = \frac{1}{2a}\int\left(\frac{1}{a+x}+\frac{1}{a-x}\right)\mathrm{d}x = \frac{1}{2a}\left[\int\frac{\mathrm{d}(a+x)}{a+x} - \int\frac{\mathrm{d}(a-x)}{a-x}\right]$$

$$= \frac{1}{2a}(\ln|a+x| - \ln|a-x|) + C = \frac{1}{2a}\ln\left|\frac{a+x}{a-x}\right| + C$$

3.2.5　第二类换元积分法

在第一类换元积分法中，是将 $g'(x)\mathrm{d}x = \mathrm{d}g(x)$ 凑微分，然后令 $u = g(x)$，不定积分变为新元（变量）u 的函数的简单积分．在积分运算过程中我们常常会遇到

相反的情形，适当地选取变量代换，令 $x = g(t)$，则有 $dx = g'(t)dt$，将 x 变换为新元 t 得到

$$\int f(x)dx = \int f(g(t))g'(t)dt$$

若 $\int f(x)dx = \int f(g(t))g'(t)dt$，则可以比较简单地求不定积分：

$$\int f(x)dx = \int f(g(t))g'(t)dt = F(t) + C$$

若 $x = g(t)$ 有反函数 $t = g^{-1}(x)$，则用代入法得

$$\int f(x)dx = \int f(g(t))g'(t)dt = F(g^{-1}(x)) + C$$

这样的换元方法叫作第二类换元积分法．

用第二类换元积分法时，常见情形有下面两类．

（1）第一类：若被积分函数 $f(x)$ 中含有 $\sqrt[n]{ax+b}$，则令 $\sqrt[n]{ax+b} = t$，解出 $x = \dfrac{1}{a}(t^n - b)$．

（2）第二类：

1）若被积函数 $f(x)$ 中含有 $\sqrt{a^2 - x^2}$ 时，则令 $x = a\sin t$，于是有

$$a^2 - x^2 = a^2(1 - \sin^2 t) = a^2\cos^2 t$$

2）若被积函数 $f(x)$ 中含有 $\sqrt{a^2 + x^2}$，则令 $x = a\tan t$，于是有

$$a^2 - x^2 = a^2(1 - \tan^2 t) = a^2\sec^2 t$$

3）若被积函数 $f(x)$ 中含有 $\sqrt{x^2 - a^2}$，则令 $x = a\sec t$，于是有

$$x^2 - a^2 = a^2(\sec^2 t - 1) = a^2\tan^2 t$$

例 8 求下列不定积分：

(1) $\int \dfrac{1}{1+\sqrt{x}}dx$； (2) $\int \dfrac{1}{\sqrt{x}(1+\sqrt[3]{x})}dx$．

解 （1）为了消去根式，令 $\sqrt{x} = t$，则 $x = t^2 (t > 0)$，$dx = 2tdt$，由第二类换元积分法，有

$$\int \dfrac{1}{1+\sqrt{x}}dx = \int \dfrac{1}{1+t}2tdt = 2\int \dfrac{1+t-1}{1+t}dt$$

$$= 2\left(\int dt - \int \dfrac{1}{1+t}dt\right)$$

$$= 2[t - \ln(1+t)] + C$$

$$= 2[\sqrt{x} - \ln(1+\sqrt{x})] + C$$

（2）为了消除根式，令 $x = t^6$ $(t>0)$，则 $\mathrm{d}x = 6t^5 \mathrm{d}t$ 并且 $t = \sqrt[6]{x}$，由第二类换元积分法，有

$$\int \frac{1}{\sqrt{x}(1+\sqrt[3]{x})} \mathrm{d}x = \int \frac{6t^5}{t^3(1+t^2)} \mathrm{d}t = 6 \int \frac{t^2}{1+t^2} \mathrm{d}t$$

$$= 6 \int \left(1 - \frac{1}{1+t^2}\right) \mathrm{d}t$$

$$= 6(t - \arctan t) + C$$

$$= 6(\sqrt[6]{x} - \arctan \sqrt[6]{x}) + C$$

例 9 求不定积分 $\int \frac{1}{\sqrt{a^2+x^2}} \mathrm{d}x (a>0)$.

解 为了消去根式，利用三角恒等式 $1+\tan^2 x = \sec^2 x$，令 $x = a\tan t \left(-\frac{\pi}{2} < t < \frac{\pi}{2}\right)$，则

$$\frac{1}{\sqrt{a^2+x^2}} = \frac{1}{\sqrt{a^2+a^2\tan^2 t}} = \frac{1}{a\sec t}, \quad \mathrm{d}x = a\sec^2 t \mathrm{d}t$$

由第二类换元积分法，有

$$\int \frac{1}{\sqrt{a^2+x^2}} \mathrm{d}x = \int \frac{1}{a\sec t} a\sec^2 t \mathrm{d}t = \int \sec t \mathrm{d}t$$

$$= \ln|\sec t + \tan t| + C_1$$

由于 $\tan t = \frac{x}{a} \left(-\frac{\pi}{2} < t < \frac{\pi}{2}\right)$，因此 $\sec t = \sqrt{1+\tan^2 t} = \sqrt{1+\left(\frac{x}{a}\right)^2} = \frac{\sqrt{a^2+x^2}}{a}$.

于是 $\int \frac{1}{\sqrt{a^2+x^2}} \mathrm{d}x = \ln\left|\frac{x}{a} + \frac{\sqrt{a^2+x^2}}{a}\right| + C_1 = \ln(x+\sqrt{a^2+x^2}) + C$，其中 $C = C_1 - \ln a$.

例10 求不定积分 $\int \dfrac{1}{\sqrt{x^2-a^2}}\,dx\,(a>0)$.

解 为了消去根式，利用三角恒等式 $1+\tan^2 x = \sec^2 x$，令 $x = a\sec t\left(0<t<\dfrac{\pi}{2}\right)$，则

$$\dfrac{1}{\sqrt{x^2-a^2}} = \dfrac{1}{\sqrt{a^2\sec^2 t - a^2}} = \dfrac{1}{a\tan t},\quad dx = a\sec t\tan t\,dt$$

于是

$$\int \dfrac{1}{\sqrt{x^2-a^2}}\,dx = \int \dfrac{1}{a\tan t}\,a\sec t\tan t\,dt = \int \sec t\,dt$$

$$= \ln|\sec t + \tan t| + C_1$$

由于 $\sec t = \dfrac{x}{a}\left(0<t<\dfrac{\pi}{2}\right)$，因此 $\tan t = \sqrt{\sec^2 t - 1} = \sqrt{\left(\dfrac{x}{a}\right)^2 - 1} = \dfrac{\sqrt{x^2-a^2}}{a}$.

于是 $\int \dfrac{1}{\sqrt{x^2-a^2}}\,dx = \ln\left|\dfrac{x}{a} + \dfrac{\sqrt{x^2-a^2}}{a}\right| + C_1 = \ln(x+\sqrt{x^2-a^2}) + C$，其中 $C = C_1 - \ln a$.

由以上例子可以看出：若被积函数含有 $\sqrt{a^2-x^2}$，$\sqrt{a^2+x^2}$，$\sqrt{x^2-a^2}$，则可以分别作代换 $x=a\sin t$，$x=a\tan t$，$x=a\sec t$ 消去根式，采用这种形式换元的方法称为三角换元法或三角代换法，具体解题时要分析被积函数的具体情况，选取尽可能简洁的代换，不要只拘泥于三角代换．

解决问题

解 问题1 设物体运动的方程为

$$s = s(t)$$

根据题意可得

$$s'(t) = v(t) = 2t^2 + 1$$

所以

$$s(t) = \int (2t^2+1)\,dt = \dfrac{2}{3}t^3 + t + C$$

把 $t=1$，$s=3$ 代入上式，得 $C = \dfrac{4}{3}$．因此，所求物体运动方程为

$$s(t) = \frac{2}{3}t^3 + t + \frac{4}{3}$$

问题 2 由于
$$R'(x) = 100 - 0.02x$$

因此
$$R(x) = \int R'(x)\,dx = \int (100 - 0.02x)\,dx$$
$$= 100x - 0.01x^2 + C$$

显然，产量为 $x = 0$ 时，收益为 $R = 0$，代入上式得 $C = 0$，即所求产品的边际收益函数为
$$R(x) = 100x - 0.01x^2$$

巩固练习

习题 3.2

习题答案详解

1. 求下列不定积分：

(1) $\int x^6\,dx$；

(2) $\int x\sqrt{x}\,dx$；

(3) $\int \dfrac{x^2}{\sqrt[3]{x}}\,dx$；

(4) $\int (x^2 - 3x + 2)\,dx$；

(5) $\int 3^x e^x\,dx$；

(6) $\int \dfrac{2^x - 3^x}{5^x}\,dx$；

(7) $\int \dfrac{\cos 2t}{\cos t - \sin t}\,dt$；

(8) $\int \dfrac{\cos 2t}{\cos^2 t \sin^2 t}\,dt$；

(9) $\int \cot^2 x\,dx$；

(10) $\int \sin^2 \dfrac{x}{2}\,dx$；

(11) $\int \dfrac{x^2}{1+x^2}\,dx$；

(12) $\int \dfrac{x^4}{1+x^2}\,dx$；

(13) $\int \dfrac{(x-1)^2}{x}\,dx$；

(14) $\int \dfrac{(x+1)^2}{x(x^2+1)}\,dx$．

2. 一物体以速度 $v = 3t^2 + 3t$ 做直线运动，当 $t = 1$ 时物体经过的路程 $s = 3$，求物体运动的方程．

3. 一曲线经过 $(1, 2)$，且曲线上任意一点的切线的斜率等于该点的横坐标的平方，求该曲线的方程．

4. 填空题.

（1）$dx = \underline{\qquad} d(2x+1)$；　　（2）$xdx = \underline{\qquad} d(x^2)$；

（3）$e^{-x}dx = \underline{\qquad} d(e^{-x})$；　　（4）$\sin 2xdx = \underline{\qquad} d(\cos 2x)$

5. 用第一类换元积分法求下列不定积分：

（1）$\int \cos 3x dx$；　　（2）$\int e^{-2x} dx$；

（3）$\int (3x-2)^5 dx$；　　（4）$\int 10^{3x} dx$；

（5）$\int \dfrac{\cos x}{1+\sin x} dx$；　　（6）$\int \dfrac{\ln^2 x}{x} dx$；

（7）$\int \dfrac{x}{1+x^2} dx$；　　（8）$\int \dfrac{1}{9+x^2} dx$；

（9）$\int \dfrac{dx}{1-x^2}$；　　（10）$\int x^2 \cos x^3 dx$；

（11）$\int \sin^3 x \cos x dx$；　　（12）$\int \sin^3 x dx$.

6. 用第二类换元积分法求下列不定积分：

（1）$\int \dfrac{\sqrt{x}}{x+1} dx$；　　（2）$\int \dfrac{\sqrt{x-1}}{x} dx$；

（3）$\int \dfrac{x+1}{\sqrt[3]{3x+1}} dx$；　　（4）$\int \dfrac{x^2}{\sqrt{a^2-x^2}} dx$；

（5）$\int \dfrac{\sqrt{a^2-x^2}}{x} dx$；　　（6）$\int \sqrt{1+e^x} dx$.

3.3　定积分的概念与性质

提出问题

问题　目前大量应用的充电电池包括铅酸蓄电池、镍铬/镍氢电池、锂电池/锂聚合物电池. 充电电池充电的电路如图 3.2 所示，设电路中电流关于时间的变化率为 $i(t)$，那么充电 2 min，充电电池充入的总电荷量是多少呢？

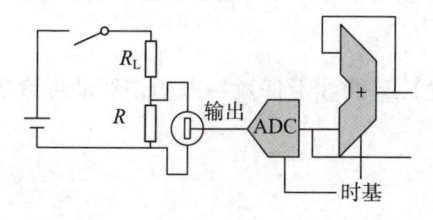

图 3.2

📝 知识储备

3.3.1　两个引例

1. 曲边梯形的面积

曲边梯形是指由三条直边（其中有两条边相互平行,第三条边与这两条边垂直）与一条曲线弧所围成的封闭图形,如图 3.3 所示.

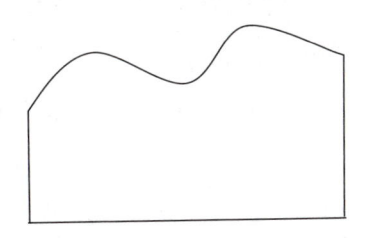

图 3.3

求由区间 $[a,b]$ 上的连续函数 $y=f(x)$ ($f(x) \geqslant 0$),直线 $x=a$, $x=b$ 与 x 轴所围成的曲边梯形（图 3.4）的面积 A.

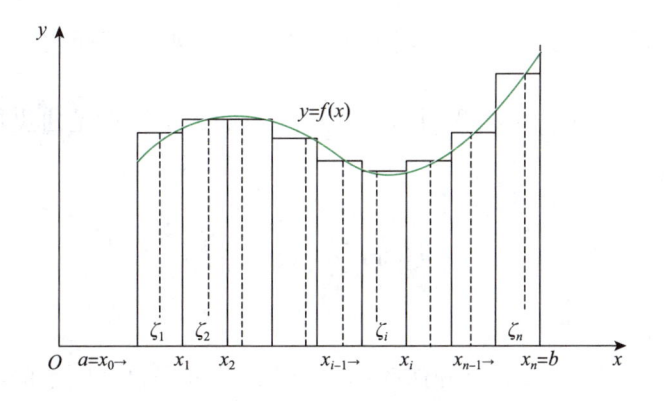

图 3.4

如何计算曲边梯形的面积呢？由于曲边梯形的高 $f(x)$ 在区间 $[a,b]$ 上是连续变化的,因此在很小一段区间上它的变化很小,近似于不变.

将区间 $[a,b]$ 划分为许多小区间,曲边梯形也相应地被划分成许多小曲边梯形. 如果在每个小区间上用其中某一点的高近似代替同一区间上小曲边梯形的变高,那么每个小曲边梯形就可以近似看成小矩形. 以这些小矩形的面积作为小曲边梯形面积的近似值,并将区间 $[a,b]$ 无限细分下去,使每个小区间的长度都趋于 0,

这时所有小矩形面积之和的极限就是曲边梯形的面积.

根据上面的分析,可按下面的步骤计算曲边梯形的面积.

(1) 分割. 任取分点 $a = x_0 < x_1 < x_2 < \cdots < x_{i-1} < x_i < \cdots < x_{n-1} < x_n = b$,把区间 $[a, b]$ 分成 n 个小区间,即

$$[x_0, x_1], [x_1, x_2], \cdots, [x_{i-1}, x_i], \cdots, [x_{n-1}, x_n]$$

第 i 个小区间的长度记为 $\Delta x_i = x_i - x_{i-1}$ $(i = 1, 2, \cdots, n)$. 相应地,把曲边梯形分成 n 个小曲边梯形,第 i 个小曲边梯形的面积为 ΔA_i $(i = 1, 2, \cdots, n)$.

(2) 近似代替. 在第 i 个小区间 $[x_{i-1}, x_i]$ $(i = 1, 2, \cdots, n)$ 上任取一点 ξ_i $(x_{i-1} \leq \xi_i \leq x_i)$,用以 Δx_i 为宽,$f(\xi_i)$ 为高的小矩形的面积 $f(\xi_i)\Delta x_i$ 近似代替相应的小曲边梯形的面积 ΔA_i,即

$$\Delta A_i \approx f(\xi_i)\Delta x_i \quad (i = 1, 2, \cdots, n)$$

(3) 求和. 将每个小矩形的面积相加,所得的和就是整个曲边梯形面积的近似值,即

$$A = \sum_{i=1}^{n} \Delta A_i \approx \sum_{i=1}^{n} f(\xi_i)\Delta x_i$$

(4) 取极限. 当分点个数 n 无限增大,且使得这些小区间长度的最大值 $\lambda = \max\{\Delta x_1, \Delta x_2, \cdots, \Delta x_n\}$ 趋于零时,和式 $\sum_{i=1}^{n} f(\xi_i)\Delta x_i$ 的极限就是曲边梯形的面积,即

$$A = \lim_{\lambda \to 0} \sum_{i=1}^{n} f(\xi_i)\Delta x_i$$

2. 变速直线运动的路程

设某物体做直线运动,已知速度 $v = v(t)$ 是时间间隔 $[T_1, T_2]$ 上的连续函数,且 $v(t) \geq 0$,求从 T_1 到 T_2 这段时间内物体运动的路程 s.

可以考虑用类似于求曲边梯形面积的方法来处理. 物体运动的速度 $v = v(t)$ 是连续变化的,但在微小的时间间隔内,速度变化不大,物体近似于匀速运动. 因此,可以按以下步骤来计算路程 s.

(1) 分割. 任取分点 $T_1 = x_0 < x_1 < x_2 < \cdots < x_{i-1} < x_i < \cdots < x_{n-1} < x_n = T_2$,把时间区间 $[T_1, T_2]$ 分成 n 个小区间,即

$$[t_0, t_1], [t_1, t_2], \cdots, [t_{i-1}, t_i], \cdots, [t_{n-1}, t_n]$$

第 i 个小区间的长度记为 $\Delta t_i = t_i - t_{i-1}$ $(i=1,2,\cdots,n)$. 相应地, 路程被分成 n 段小路程, 记作 $\Delta s_i (i=1, 2,\cdots,n)$.

（2）近似代替. 在第 i 个小区间 $[t_{i-1}, t_i]$ $(i=1,2,\cdots,n)$ 上任取一点 ξ_i $(t_{i-1} \leq \xi_i \leq t_i)$, 将 $[t_{i-1}, t_i]$ $(i=1,2,\cdots,n)$ 内的变速运动近似地看作速度为 $v(\xi_i)$ 的匀速运动, 得到路程 Δs_i 的近似值, 即

$$\Delta s_i \approx v(\xi_i) \Delta t_i \quad (i=1, 2,\cdots,n)$$

（3）求和. 将每个小时间区间的小段路程相加, 得到整个时间区间上的路程的近似值, 即

$$s = \sum_{i=1}^{n} \Delta s_i \approx \sum_{i=1}^{n} v(\xi_i) \Delta t_i$$

（4）取极限. 当分点个数 n 无限增大, 且使得这些小区间长度的最大值 $\lambda = \max\{\Delta t_1, \Delta t_2, \cdots, \Delta t_n\}$ 趋于零时, 上述和式的极限就是所求的路程 s, 即

$$s = \lim_{\lambda \to 0} \sum_{i=1}^{n} v(\xi_i) \Delta t_i$$

3.3.2 定积分的定义

定义 设函数 $f(x)$ 在区间 $[a, b]$ 上有界, 在 $[a, b]$ 中任意插入若干个分点

$$a = x_0 < x_1 < x_2 < \cdots < x_{i-1} < x_i < \cdots < x_{n-1} < x_n = b$$

把区间 $[a, b]$ 分成 n 个小区间, 即

$$[x_0, x_1], [x_1, x_2], \cdots, [x_{i-1}, x_i], [x_{n-1}, x_n]$$

第 i 个小区间的长度记为 $\Delta x_i (i=1,2,\cdots,n)$, 即

$$\Delta x_i = x_i - x_{i-1} \quad (i=1,2,\cdots,n)$$

在每个小区间 $[x_{i-1}, x_i]$ 上任取一点 ξ_i $(x_{i-1} \leq \xi_i \leq x_i)$, 作函数值 $f(\xi_i)$ 与小区间长度 Δx_i 的乘积 $f(\xi_i) \Delta x_i$ $(i=1,2,\cdots,n)$, 并作出和式（称为**积分和式**）:

$$\sum_{i=1}^{n} f(\xi_i) \Delta x_i$$

记 $\lambda = \max\{\Delta x_1, \Delta x_2, \cdots, \Delta x_n\}$, 如果当 $\lambda \to 0$ 时, 和式的极限

$$\lim_{\lambda \to 0} \sum_{i=1}^{n} f(\xi_i) \Delta x_i$$

存在, 且此极限值与对区间 $[a, b]$ 采用何种分法及 ξ_i 如何选取无关, 那么称这个极

限值为函数$f(x)$在区间$[a, b]$上的定积分，记作$\int_a^b f(x)\,dx$，即

$$\int_a^b f(x)\,dx = \lim_{\lambda \to 0}\sum_{i=1}^{n} f(\xi_i)\Delta x_i$$

其中$f(x)$叫作**被积函数**，$f(x)dx$叫作**被积表达式**，x叫作**积分变量**，a和b分别叫作**积分下限**与**积分上限**，$[a, b]$叫作**积分区间**．

根据定积分的定义，前面两个引例可分别表述如下：

（1）由连续曲线$y = f(x)$（$f(x) \geqslant 0$），直线$x = a$，$x = b$与x轴所围成的曲边梯形的面积等于函数$f(x)$在区间$[a, b]$上的定积分，即

$$\int_a^b f(x)\,dx$$

（2）物体以变速度$v = v(t)$（$v(t) \geqslant 0$）做变速直线运动，从时刻T_1到时刻T_2所走过的路程s等于其速度函数$v = v(t)$在时间区间$[T_1, T_2]$上的定积分，即

$$s = \int_{T_1}^{T_2} v(t)\,dt$$

注　（1）因为定积分$\int_a^b f(x)\,dx$是一个和式的极限，所以它是一个确定的数值，它只与被积函数$f(x)$和积分区间$[a, b]$有关，而与积分变量用什么字母表示无关，即有

$$\int_a^b f(x)\,dx = \int_a^b f(t)\,dt = \int_a^b f(u)\,du$$

（2）在定积分的定义中，为了方便起见，我们假定$a < b$，即积分下限小于积分上限．如果$a > b$，则

$$\int_a^b f(x)\,dx = -\int_b^a f(x)\,dx$$

即定积分上下限互换时，积分值仅改变符号；当$a = b$时，有

$$\int_a^b f(x)\,dx = 0$$

若定积分$\int_a^b f(x)\,dx$存在，则称$f(x)$在区间$[a, b]$上**可积**．函数$f(x)$在区间$[a, b]$上满足怎样的条件，才是可积的呢？下面的定理回答了这个问题．

➡ **定理**　若函数$f(x)$在区间$[a, b]$上连续或只有有限个第一类间断点，则定积分$\int_a^b f(x)\,dx$一定存在（即可积）．

初等函数在定义区间内部都是可积的．

例1　利用定积分定义求由曲线$y = x^2$，直线$x = 0$，$x = 1$与x轴所围成的曲边

梯形的面积 A .

解 （1）分割：取分点 $0 = x_0 < x_1 < x_2 < \cdots < x_{i-1} < x_i < \cdots < x_{n-1} < x_n = 1$，把区间 $[0,1]$ 分成 n 等份，那么分点为 $x_i = \dfrac{i}{n}$ $(i=1,2,\cdots,n)$，每个小区间的长度为 $\Delta x_i = \dfrac{1}{n}$．

（2）近似代替：取每个区间的右端点 $\xi_i = \dfrac{i}{n}$ $(i=1,2,\cdots,n)$，于是小曲边梯形的面积为

$$\Delta A_i \approx f(\xi_i)\Delta x_i = \left(\dfrac{i}{n}\right)^2 \dfrac{1}{n} = \dfrac{i^2}{n^3} \quad (i=1,2,\cdots,n)$$

（3）求和：曲边梯形面积的近似值为

$$A = \sum_{i=1}^{n}\Delta A_i \approx \sum_{i=1}^{n} f(\xi_i)\Delta x_i = \sum_{i=1}^{n} \dfrac{i^2}{n^3}$$

$$= \dfrac{1}{n^3}\dfrac{1}{6}n(n+1)(2n+1) = \dfrac{1}{6}\left(1+\dfrac{1}{n}\right)\left(2+\dfrac{1}{n}\right)$$

（4）取极限：因为 $\lambda = \Delta x_i = \dfrac{1}{n}$，当 $\lambda \to 0$ 时，$n \to \infty$，所以该曲边梯形的面积为

$$A = \int_0^1 x^2 \mathrm{d}x = \lim_{\lambda \to 0}\sum_{i=1}^{n} f(\xi_i)\Delta x_i = \lim_{n \to \infty}\dfrac{1}{6}\left(1+\dfrac{1}{n}\right)\left(2+\dfrac{1}{n}\right) = \dfrac{1}{3}$$

3.3.3 定积分的几何意义

由曲边梯形面积的计算可以看出：

（1）若函数 $f(x)$ 在区间 $[a,b]$ 上连续，且 $f(x) \geq 0$，则定积分 $\int_a^b f(x)\mathrm{d}x$ 在几何上就表示由曲线 $f(x)$，直线 $x=a$，$x=b$ 与 x 轴所围成的曲边梯形的面积 A，即

$$\int_a^b f(x)\mathrm{d}x = A$$

（2）若函数$f(x)$在区间$[a,b]$上连续，且$f(x) \leqslant 0$，则$-f(x) \geqslant 0$，因此由曲线$f(x)$，直线$x=a$，$x=b$与x轴所围成的曲边梯形的面积为

$$A = \lim_{\lambda \to 0} \sum_{i=1}^{n} (-f(\xi_i)) \Delta x_i = -\lim_{\lambda \to 0} \sum_{i=1}^{n} f(\xi_i) \Delta x_i = -\int_a^b f(x) \, dx$$

因此

$$\int_a^b f(x) \, dx = -A$$

这就是说，当$f(x) \leqslant 0$时，定积分$\int_a^b f(x) \, dx$等于曲边梯形面积的负值，如图3.5所示．

（3）若函数$f(x)$在区间$[a,b]$上连续，且有时取正值，有时取负值，如图3.6所示，则有

$$\int_a^b f(x) \, dx = A_1 - A_2 + A_3$$

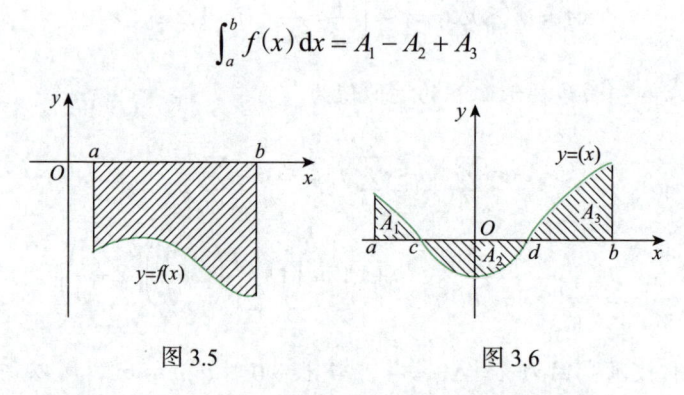

图3.5

图3.6

因此，定积分$\int_a^b f(x) \, dx$在几何上就表示由曲线$f(x)$，直线$x=a$，$x=b$与x轴所围成的若干小曲边梯形面积的代数和．

例2 用定积分表示图3.7中各图形阴影部分的面积，并根据定积分的几何意义求出其值．

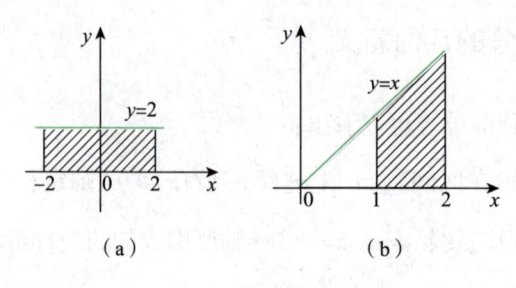

(a)

(b)

图3.7

解 （1）在图 3.7（a）中，被积函数 $f(x)$ 在区间 $[-2, 2]$ 上连续，且 $f(x) > 0$，根据定积分的几何意义，阴影部分的面积为

$$A = \int_{-2}^{2} 2 dx = 2 \times 4 = 8$$

（2）在图 3.7（b）中，被积函数 $f(x) = x$ 在区间 $[1, 2]$ 上连续，且 $f(x) > 0$，根据定积分的几何意义，阴影部分的面积为

$$A = \int_{1}^{2} x dx = \frac{(1+2) \times 1}{2} = \frac{3}{2}$$

3.3.4 定积分的基本性质

在下面的讨论中，假定函数 $f(x)$ 和 $g(x)$ 在所讨论的区间上都是可积的.

性质 1 函数的和（差）的定积分等于它们的定积分的和（差），即

$$\int_a^b [f(x) \pm g(x)] dx = \int_a^b f(x) dx \pm \int_a^b g(x) dx$$

这个性质可以推广到有限个连续函数的代数和的定积分.

性质 2 被积函数中的常数因子可以提到积分号前面，即

$$\int_a^b k f(x) dx = k \int_a^b f(x) dx$$

例 3 已知 $\int_0^{\frac{\pi}{2}} \sin x dx = 1$，求 $\int_0^{\frac{\pi}{2}} (3\sin x - 2) dx$.

解 由例 2 的结论知 $\int_0^{\frac{\pi}{2}} 2 dx = 2\left(\frac{\pi}{2} - 0\right) = \pi$，又由性质 1 和性质 2，得

$$\int_0^{\frac{\pi}{2}} (3\sin x - 2) dx = 3 \int_0^{\frac{\pi}{2}} \sin x dx - \int_0^{\frac{\pi}{2}} 2 dx = 3 - \pi$$

性质 3 对于任意实数 c，有

$$\int_a^b f(x) dx = \int_a^c f(x) dx + \int_c^b f(x) dx$$

这一性质称为定积分关于积分区间具有可加性. 应当注意：c 的任意性意味着，不管 c 是在区间 $[a, b]$ 之内，还是在区间 $[a, b]$ 之外，这一性质均成立.

例4 已知 $\int_0^2 x^2 dx = \dfrac{8}{3}$，$\int_0^3 x^2 dx = 9$，求 $\int_2^3 x^2 dx$．

解 根据性质3，得

$$\int_0^3 x^2 dx = \int_0^2 x^2 dx + \int_2^3 x^2 dx$$

移项，得

$$\int_2^3 x^2 dx = \int_0^3 x^2 dx - \int_0^2 x^2 dx = 9 - \dfrac{8}{3} = \dfrac{19}{3}$$

性质4 （积分中值定理）若函数$f(x)$在区间$[a,b]$上连续，则在$[a,b]$上至少存在一点ξ，使得

$$\int_a^b f(x) dx = f(\xi_i)(b-a) \quad (a \leqslant \xi \leqslant b)$$

积分中值定理的几何解释：设在闭区间$[a,b]$上连续的函数$f(x) \geqslant 0$，则在$[a,b]$上至少存在一点ξ，使得由连续曲线$f(x)$，直线$x=a$，$x=b$与x轴所围成的曲边梯形的面积等于宽为$(b-a)$，高为$f(\xi)$的矩形的面积，如图3.8所示．

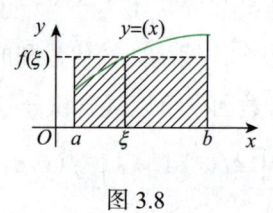

图 3.8

通常我们称

$$f(\xi_i) = \dfrac{1}{b-a} \int_a^b f(x) dx$$

为函数$f(x)$在$[a,b]$上的平均值．

解决问题

解 在时间段内，"以不变代变"将电流的变化率视为常量，得电荷量微元为

$$dQ = i(t) dt$$

那么在时间段$[0,2]$内充入的总电荷量为

$$Q = \int_0^2 i(t) dt$$

巩固练习

习题 3.3

1. 填空题.

（1）由曲线 $y=x^3$，直线 $x=1$，$x=2$ 与 x 轴所围成的曲边梯形的面积，用定积分表示为 _____.

（2）由直线 $y=x$，$x=-1$，$x=1$ 与 x 轴所围成的曲边梯形的面积，用定积分表示为 _____.

（3）$\int_4^4 (x+1)\,dx =$ _____.

（4）$\left(\int_0^1 x\sqrt{1-x^2}\,dx\right)' =$ _____.

2. 根据定积分的几何意义，求下列各式的值：

（1）$\int_{-2}^3 4\,dx$；　　　　（2）$\int_0^4 (x+1)\,dx$；　　　　（3）$\int_{-1}^1 \sqrt{1-x^2}\,dx$.

3. 已知 $\int_{-1}^0 x^2\,dx = \dfrac{1}{3}$，$\int_{-1}^0 x\,dx = -\dfrac{1}{2}$，求 $\int_{-1}^0 (2x^2 - 3x)\,dx$ 的值.

3.4 定积分的计算

提出问题

问题 如果电路中电流关于时间的变化率 $i(t) = 6 - 4t$，那么从 $t=0$ 到 $t=1$ 这段时间内的总电荷量 Q 是多少？

知识储备

从上节例 1 可以看出，根据定义求定积分是非常繁琐的. 本节将介绍计算定积分简便而有效的工具——牛顿 – 莱布尼茨公式.

3.4.1 微积分基本公式

定理 1 设函数 $f(x)$ 在 $[a,b]$ 上连续，且 $F(x)$ 是 $f(x)$ 的一个原函数，则

$$\int_a^b f(x)\,\mathrm{d}x = F(b) - F(a)$$

上式称为**牛顿 – 莱布尼茨公式**，也叫**微积分基本公式**．为书写方便，公式中的 $F(b) - F(a)$ 通常记作 $[F(x)]_a^b$ 或 $F(x)|_a^b$．因此上述公式也可以写成

$$\int_a^b f(x)\,\mathrm{d}x = [F(x)]_a^b = F(b) - F(a)$$

或

$$\int_a^b f(x)\,\mathrm{d}x = F(x)|_a^b = F(b) - F(a)$$

牛顿 – 莱布尼茨公式把定积分的计算问题归结为求被积函数的原函数在上、下限处函数值之差的问题，从而巧妙地避开了求和式极限的艰难道路，为运用定积分计算普遍存在的总量问题另辟坦途．

例 1 求 $\int_{-4}^{-2} \dfrac{1}{x}\,\mathrm{d}x$．

解 因为 $\int \dfrac{1}{x}\,\mathrm{d}x = \ln|x| + C$，所以 $\ln|x|$ 是 $\dfrac{1}{x}$ 的一个原函数，则

$$\int_{-4}^{-2} \dfrac{1}{x}\,\mathrm{d}x = [\ln|x|]_{-4}^{-2} = \ln 2 - \ln 4 = \ln \dfrac{1}{2} = -\ln 2$$

例 2 求 $\int_0^2 (e^x + x - 1)\,\mathrm{d}x$．

解 $\int_0^2 (e^x + x - 1)\,\mathrm{d}x = \left(e^x + \dfrac{x^2}{2} - x\right)\bigg|_0^2$

$= (e^2 + 2 - 2) - (e^0 + 0 - 0) = e^2 - 1$

例 3 求由抛物线 $y = x^2$，直线 $x = 1$ 和 x 轴围成的曲边三角形的面积．

解 设所求曲边三角形（图 3.9）的面积为 S，则

$$S = \int_0^1 x^2\,\mathrm{d}x = \dfrac{x^3}{3}\bigg|_0^1 = \dfrac{1}{3}$$

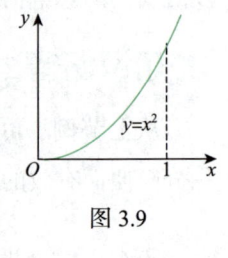

图 3.9

例 4 已知自由落体的运动速度 $v = gt$，试求物体在运动开始后 T 时间内下落的距离．

解 物体下落的距离为

$$s = \int_0^T gt\,dt = \frac{1}{2}gt^2 \Big|_0^T = \frac{1}{2}gT^2$$

牛顿-莱布尼茨公式告诉我们,求连续函数$f(x)$的定积分$\int_a^b f(x)\,dx$的关键是求$f(x)$的原函数.而求原函数时,我们会用到换元积分法.因此,接下来在不定积分的换元积分法的基础上,讨论定积分的换元积分法.

3.4.2 定积分的换元积分法

定理 2 设函数$f(x)$在区间$[a,b]$上连续.函数$x=\varphi(t)$在区间$[\alpha,\beta]$上单调,且有连续导数.$t\in[\alpha,\beta]$时,$x\in[a,b]$,且$a=\varphi(\alpha)$,$b=\varphi(\beta)$,则

$$\int_a^b f(x)\,dx = \int_\alpha^\beta f(\varphi(t))\varphi'(t)\,dt$$

上式称为**定积分的换元积分公式**.

例 5 求$\int_0^4 \dfrac{dx}{1+\sqrt{x}}$.

解 令$\sqrt{x}=t$,即$x=t^2$,$dx=2t\,dt$,且当$x=0$时,$t=0$;当$x=4$时,$t=2$.于是

$$\int_0^4 \frac{dx}{1+\sqrt{x}} = \int_0^2 \frac{2t\,dt}{1+t} = 2[t-\ln(1+t)]_0^2 = 2(2-\ln 3)$$

例 6 求$\int_0^a \sqrt{a^2-x^2}\,dx\ (a>0)$.

解 令$x=a\sin t\ \left(t\in\left[0,\dfrac{\pi}{2}\right]\right)$,则$dx=a\cos t\,dt$,且当$x=0$时,$t=0$;$x=a$时,$t=\dfrac{\pi}{2}$.于是

$$\int_0^a \sqrt{a^2-x^2}\,dx = \int_0^{\frac{\pi}{2}} a\cos t \cdot a\cos t\,dt = a^2 \int_0^{\frac{\pi}{2}} \cos^2 t\,dt$$

$$= a^2 \int_0^{\frac{\pi}{2}} \frac{1+\cos 2t}{2} dt = \frac{a^2}{2}\left(t + \frac{\sin 2t}{2}\right)\Big|_0^{\frac{\pi}{2}} = \frac{1}{4}\pi a^2$$

定积分的换元积分公式也可以反过来用，即

$$\int_\alpha^\beta f(\varphi(t))\varphi'(t)\,dt \xrightarrow{\varphi(t)=x} \int_a^b f(x)\,dx$$

例7 求 $\int_0^1 xe^{-\frac{x^2}{2}}dx$.

解 因为

$$\int_0^1 xe^{-\frac{x^2}{2}}dx = -\int_0^1 e^{-\frac{x^2}{2}}d\left(-\frac{x^2}{2}\right)$$

所以可令 $u = -\frac{x^2}{2}$. 当 $x = 0$ 时 $u = 0$ ；当 $x = 1$ 时，$u = -\frac{1}{2}$. 于是

$$\int_0^1 xe^{-\frac{x^2}{2}}dx = -\int_0^{-\frac{1}{2}} e^u du = \left[-e^u\right]_0^{-\frac{1}{2}} = 1 - e^{-\frac{1}{2}}$$

上例中，也可以不写出所引进的新变量 u，而写作

$$\int_0^1 xe^{-\frac{x^2}{2}}dx = -\int_0^1 e^{-\frac{x^2}{2}}d\left(-\frac{x^2}{2}\right) = -e^{-\frac{x^2}{2}}\Big|_0^1 = e^0 - e^{-\frac{1}{2}} = 1 - e^{-\frac{1}{2}}$$

可以看到，当我们在定积分中引进新变量时，就必须相应地把积分上下限同时更换，即"换元必换限"；若没有引进新变量，则不要更换定积分的上、下限.

例8 求 $\int_0^{\frac{\pi}{2}} \sin^3 x \cos x\,dx$.

解 方法一： $\int_0^{\frac{\pi}{2}} \sin^3 x \cos x\,dx = \int_0^{\frac{\pi}{2}} \sin^3 x\,d(\sin x) = \frac{1}{4}\sin^4 x\Big|_0^{\frac{\pi}{2}} = \frac{1}{4}$

方法二： 设 $u = \sin x$，则 $du = \cos x\,dx$. 且当 $x = 0$ 时，$u = 0$；当 $x = \frac{\pi}{2}$ 时，$u = 1$. 于是

$$\int_0^{\frac{\pi}{2}} \sin^3 x \cos x\,dx = \int_0^1 u^3\,du = \frac{1}{4}u^4\Big|_0^1 = \frac{1}{4}$$

比较两种解法知,方法一更简洁一些.因此,这样一类被积函数的原函数可以用"凑微分法"求解的定积分,应使用方解法一求解.

例 9 设 $f(x)$ 在 $[-a, a]$ 上连续,证明:

(1)如果 $f(x)$ 为奇函数,那么 $\int_{-a}^{a} f(x)\,dx = 0$;

(2)如果 $f(x)$ 为偶函数,那么 $\int_{-a}^{a} f(x)\,dx = 2\int_{0}^{a} f(x)\,dx$.

证 可用图形来说明.

(1)当 $f(x)$ 为奇函数时,$f(x)$ 的图形关于原点对称,如图 3.10(a)所示,由图可知,$\int_{-a}^{0} f(x)\,dx = -\int_{0}^{a} f(x)\,dx$,从而有
$$\int_{-a}^{a} f(x)\,dx = 0$$

(2)当 $f(x)$ 为偶函数时,$f(x)$ 的图形关于 y 轴对称,如图 3.10(b)所示,由图可知,$\int_{-a}^{0} f(x)\,dx = \int_{0}^{a} f(x)\,dx$,从而有
$$\int_{-a}^{a} f(x)\,dx = 2\int_{0}^{a} f(x)\,dx$$

(a)　　　(b)

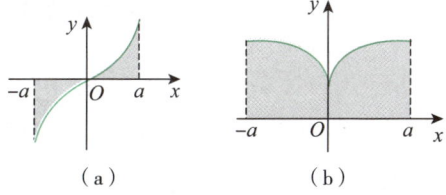

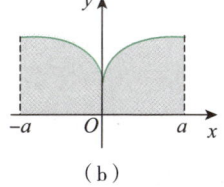

图 3.10

例 10 计算 $\int_{-1}^{1} \dfrac{\sin^5 x}{1+x^2}\,dx$.

解 因为被积函数 $\dfrac{\sin^5 x}{1+x^2}$ 是奇函数,且积分区间 $[-1, 1]$ 是对称区间,所以
$$\int_{-1}^{1} \frac{\sin^5 x}{1+x^2}\,dx = 0$$

例 11 计算 $\int_{-1}^{1} \sqrt{1-x^2}\,dx$.

解 因为被积函数 $\sqrt{1-x^2}$ 是偶函数,且积分区间 $[-1, 1]$ 是对称区间,所以
$$\int_{-1}^{1} \sqrt{1-x^2}\,dx = 2\int_{0}^{1} \sqrt{1-x^2}\,dx$$

$$= 2\int_0^{\frac{\pi}{2}} \cos^2 t \, dt$$
$$= 2 \times \frac{1}{2} \int_0^{\frac{\pi}{2}} (1+\cos 2t) \, dt$$
$$= \left(t + \frac{1}{2}\sin 2t\right)\bigg|_0^{\frac{\pi}{2}} = \frac{\pi}{2}$$

解决问题

解 如果电路中电流关于时间的变化率 $i(t) = 6-4t$，那么从 $t=0$ 到 $t=1$ 这段时间内的总电荷量为

$$Q = \int_0^1 i(t) \, dt = \int_0^1 (6-4t) \, dt = \left[6t - 2t^2\right]_0^1 = 4$$

巩固练习

习题 3.4

习题答案详解

1. 求下列定积分：

（1）$\int_0^{\frac{\pi}{2}} \cos x \, dx$；

（2）$\int_0^1 (x^3 + 3x - 2) \, dx$；

（3）$\int_0^1 \sqrt{x}(1+\sqrt{x}) \, dx$；

（4）$\int_{-\frac{\pi}{2}}^{\frac{\pi}{4}} \sin^2 \frac{x}{2} \, dx$.

2. 用换元积分法求下列定积分：

（1）$\int_0^{\frac{\pi}{2}} \cos^4 x \sin x \, dx$；

（2）$\int_0^1 e^{2x+3} \, dx$；

（3）$\int_0^1 \frac{e^x}{1+e^x} \, dx$；

（4）$\int_e^{e^2} \frac{1}{x \ln x} \, dx$；

（5）$\int_1^2 \frac{\sqrt{x-1}}{x} \, dx$；

（6）$\int_0^1 \sqrt{1-x^2} \, dx$.

3.5 定积分及其应用

📝 提出问题

问题 计算正弦交流电 $i(t) = I_m \sin \omega t$ 的平均值，如图 3.11 所示．

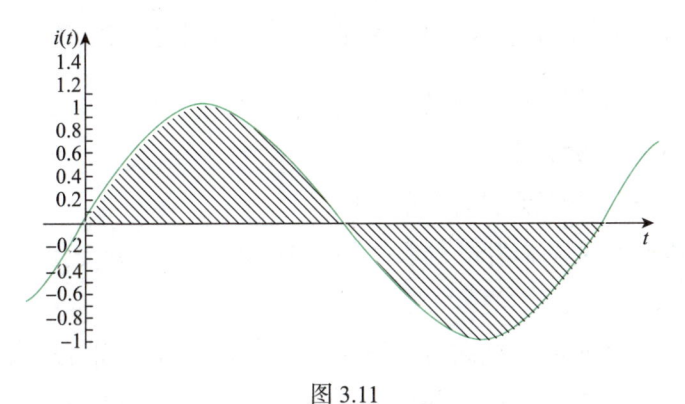

定积分的应用

图 3.11

📝 知识储备

3.5.1 定积分的微元法

应用定积分解决实际问题时，常用的方法是定积分的微元法，下面说明应用微元法解题的过程．

我们已经知道，由闭区间 $[a, b]$ 上的连续曲线 $y = f(x)$ $(f(x) \geq 0)$，直线 $x = a$，$x = b$ 及 x 轴所围成的曲边梯形（图 3.12）的面积 A，通过"分割—近似代替—求和—取极限"四步，可表达为特定和式的极限，即

$$A = \lim_{\lambda \to 0} \sum_{i=1}^{n} f(\xi_i) \Delta x_i$$

由于 A 的值与对应区间 $[a, b]$ 的分法及 ξ_i 的取法无关，因此 $[x_{i-1}, x_i]$ $(i = 1, 2, \cdots, n)$ 简记为 $[x, x+dx]$，区间长度 Δx_i 即为 dx．若取 $\xi_i = x$，则段 $[x, x+dx]$ 所对应的曲边梯形的面积近似为

$$\Delta A \approx f(x) dx$$

将 $f(x) dx$ 称为面积 A 的**微元**，记作 dA，即 $dA = f(x) dx$．

图 3.12

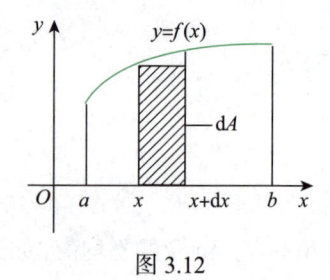

以面积 A 的微元 $f(x)\mathrm{d}x$ 为被积表达式,在区间上作定积分,得

$$A = \int_a^b \mathrm{d}A = \int_a^b f(x)\mathrm{d}x$$

因此,称此法为**微元法**.

一般地,定积分的微元法的步骤如下:

(1)根据问题的具体情况,选取一个变量(如 x)为积分变量,并确定它的积分区间 $[a,b]$;

(2)选取积分变量 x 在区间 $[a,b]$ 上任一小区间 $[x, x+\mathrm{d}x]$,以点 x 处对应的函数值 $f(x)$ 与 $\mathrm{d}x$ 的乘积 $f(x)\mathrm{d}x$ 为所求量 A 的微元 $\mathrm{d}A$,即 $\mathrm{d}A = f(x)\mathrm{d}x$;

(3)以所求量 A 的微元 $\mathrm{d}A = f(x)\mathrm{d}x$ 为被积表达式,在区间 $[a,b]$ 上求定积分,得

$$A = \int_a^b \mathrm{d}A = \int_a^b f(x)\mathrm{d}x$$

在定积分的微元法中,写出变量的微元是关键,通常运用"以常量代替变量,以直边代替曲边,以均匀量代替不均匀量"等方法.微元法是一种实用性很强的数学方法和变量分析的方法,在工程实践、经济管理和科学技术中有着广泛的应用.

3.5.2 定积分的应用

1. 平面图形的面积

由曲线 $y = f(x)$ 与 $y = g(x) [f(x) \geq g(x)]$ 及直线 $x = a$, $x = b(a \leq b)$ 所围成的平面图形的面积为 A,如图 3.13(a)所示,取 x 为积分变量,在变化区间 $[a,b]$ 上任取一小区间 $[x, x+\mathrm{d}x]$,其所对应的面积微元为 $\mathrm{d}A = [f(x) - g(x)]\mathrm{d}x$.由微元法可知,该平面图形的面积为

$$A = \int_a^b [f(x) - g(x)]\mathrm{d}x$$

若平面图形是由区间 $[c,d]$ 上的连续曲线 $x=\varphi(y)$，$x=\psi(y)[\psi(y)\leqslant\varphi(y)]$ 及直线 $y=c$，$y=d(c\leqslant d)$ 围成的，如图 3.13（b）所示，那么该平面图形的面积为

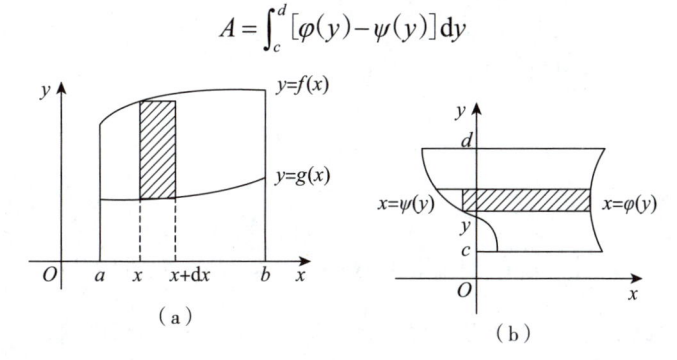

$$A=\int_c^d [\varphi(y)-\psi(y)]dy$$

图 3.13

例 1 求由曲线 $y^2=x$，$y=x^2$ 所围成图形的面积．

解 画出图形，如图 3.14 所示．联立方程 $\begin{cases} y=x^2 \\ y^2=x \end{cases}$，得交点坐标为 $(0,0)$ 和 $(1,1)$．取 x 为积分变量，于是积分区间为 $[0,1]$，故所求平面图形的面积为

$$A=\int_0^1 (\sqrt{x}-x^2)dx=\left[\frac{2}{3}x^{\frac{3}{2}}-\frac{1}{3}x^3\right]_0^1=\frac{1}{3}$$

图 3.14

例 2 计算抛物线 $y^2=2x$ 与直线 $y=x-4$ 所围成图形的面积．

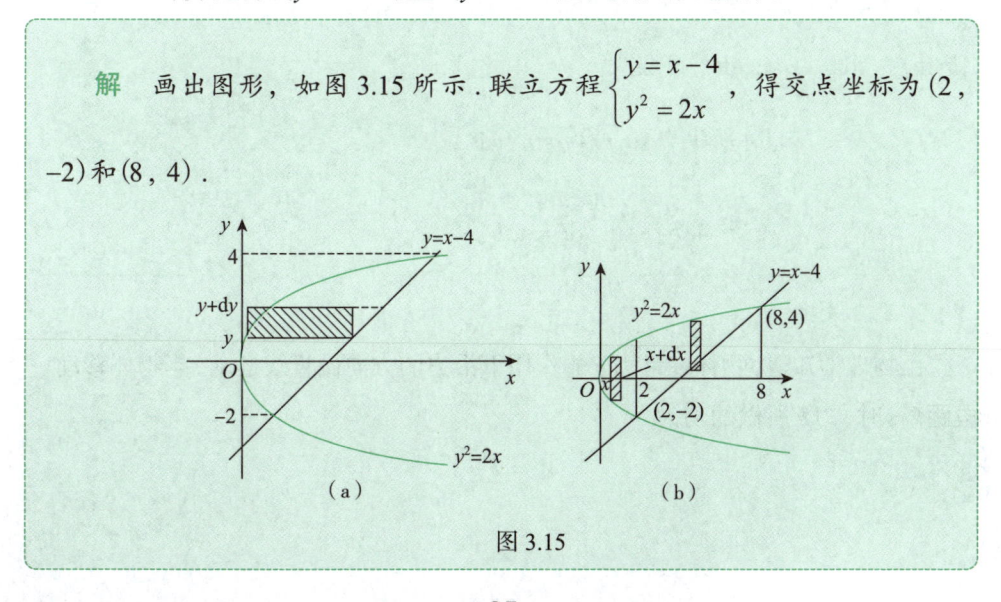

解 画出图形，如图 3.15 所示．联立方程 $\begin{cases} y=x-4 \\ y^2=2x \end{cases}$，得交点坐标为 $(2,-2)$ 和 $(8,4)$．

图 3.15

若选取 y 为积分变量 [图 3.15（a）]，则积分区间为 $[-2,4]$，故所求平面图形的面积为

$$A = \int_{-2}^{4}\left[(y+4)-\frac{1}{2}y^2\right]dy = \left[\frac{1}{2}y^2+4y-\frac{1}{6}y^3\right]_{-2}^{4} = 18$$

若选取 x 为积分变量 [图 3.15（b）]，则积分区间为 $[0,8]$，故所求平面图形的面积为

$$A = \int_0^2[\sqrt{2x}-(-\sqrt{2x})]dx + \int_2^8[\sqrt{2x}-(x-4)]dx = 18$$

显然，选取 y 为积分变量比较简便，这表明积分变量的选取有个合理性的问题.

例 3 求椭圆 $\dfrac{x^2}{a^2}+\dfrac{y^2}{b^2}=1$ 的面积 $(a>0, b>0)$.

解 根据椭圆的对称性可知，整个椭圆面积应为位于第一象限内面积的 4 倍.

如图 3.16 所示，取 x 为积分变量，则 $0 \leqslant x \leqslant a$，$y = b\sqrt{1-\dfrac{x^2}{a^2}}$，$dA = ydx = b\sqrt{1-\dfrac{x^2}{a^2}}dx$，故 $A = 4\int_0^a ydx = 4\int_0^a b\sqrt{1-\dfrac{x^2}{a^2}}dx$，作变量替换 $x = a\cos t$ $\left(0 \leqslant t \leqslant \dfrac{\pi}{2}\right)$，则 $y = b\sqrt{1-\dfrac{x^2}{a^2}} = b\sin t$，$dx = -a\sin t dt$，于是

$$A = 4\int_{\frac{\pi}{2}}^{0}(b\sin t)(-a\sin t)dt$$

$$= 4ab\int_0^{\frac{\pi}{2}}\sin^2 t dt = \pi ab$$

2. 变力做功

由物理学知道，物体在常力 F 的作用下沿力的方向做直线运动，当物体移动一段距离 s 时，力 F 所做的功为

$$W = F \cdot s$$

但实际问题中,常常会遇到变力做功的问题. 这时必须利用定积分的思想解决这个问题. 如下面这个例子:

例 4 把电荷量为 $+q$ 的点电荷放在 x 轴原点处,形成一个电场,这个电场对周围的电荷有作用力,由库仑定律知,位于 x 轴上距原点 x 处的单位正电荷受到的电场力大小为 $F(x) = k\dfrac{q}{x^2}$,其中 k 为常数. 当这个单位正电荷在电场中从 $x = a$ 处沿 x 轴移至 $x = b(a < b)$ 处时,求电场力对它所做的功,如图 3.17 所示.

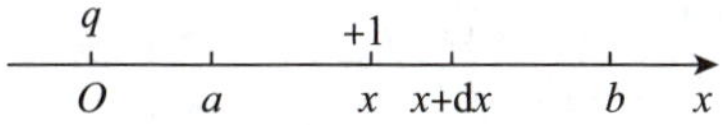

图 3.17

> **解** 由于 $F(x)$ 是变力,因此这是一个非均匀变化的问题,所求的功为一个整体量,在 $[a, b]$ 上具有可加性,可用定积分求解. 在 $[a, b]$ 上任取一个小区间 $[x, x + dx]$,由于 $F(x)$ 是连续变化的,当 dx 很小时,$F(x)$ 变化不大,可近似地看作常力,因而在此小段上所做的功近似地为(功微元)
>
> $$dW = F(x)dx = k\dfrac{q}{x^2}dx$$
>
> 因此,物体从 a 移动到 b,变力 $F(x)$ 所做的功为
>
> $$W = \int_a^b F(x)\,dx = \int_a^b k\dfrac{q}{x^2}\,dx = -\dfrac{kq}{x}\bigg|_a^b = kq\left(\dfrac{1}{a} - \dfrac{1}{b}\right)$$

3. 液体静压力

由物理学知道,一个水平放置在液体中的薄片,若其面积为 A,距离液体表面的深度为 h,则该薄片一侧所受的压力 F 等于以 A 为底、以 h 为高的液体柱所受的重力,即

$$F = \rho g h A$$

其中 ρ 为液体的密度(单位:kg/m^3).

但在实际问题中,常常要计算液体中与液面垂直放置的薄片的一侧所受的压力. 由于薄片上每个位置距液体表面的深度不一样,因此不能简单地利用上述公式进行计算．下面我们举例说明它的计算方法．

例 5 设一个水平放置的水管，其断面是直径为 6 m 的圆，求当水面高度为直径的一半时，水管一端的竖立闸门上所受的压力．

> **解** 如图 3.18 所示，建立直角坐标系，则圆的方程为 $x^2 + y^2 = 9$.
>
> 取 x 为积分变量，积分区间为 $[0,3]$. 在区间 $[0,3]$ 上任取一个小区间 $[x, x+dx]$，由于 dx 很小，一方面，其对应的小条块可近似地看作一个以 $2\sqrt{9-x^2}$ 为长，以 dx 为宽的小矩形，其面积为 $2\sqrt{9-x^2}dx$；另一方面，把小条块距液面的深度近似地看作不变，都等于 x，因此小条块上受到的压力近似地等于 $9.8 \times 10^3 x \cdot 2\sqrt{9-x^2}dx$，即压力微元为
>
> $$dF = 9.8 \times 10^3 x \cdot 2\sqrt{9-x^2}dx$$
>
> 于是，压力微元在区间 $[0,3]$ 上的定积分就是竖立闸门上所受的压力，为
>
> $$\begin{aligned} F &= \int_0^3 9.8 \times 10^3 x \cdot 2\sqrt{9-x^2}dx \\ &= -9.8 \times 10^3 \int_0^3 \sqrt{9-x^2}d(9-x^2) \\ &= -9.8 \times 10^3 \times \frac{2}{3}\left[(9-x^2)^{\frac{3}{2}}\right]_0^3 \approx 1.76 \times 10^5 \text{ N} \end{aligned}$$

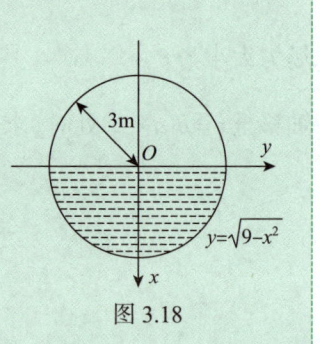

图 3.18

✎ 解决问题

解 在电学上周期满足 $T = \dfrac{2\pi}{\omega}$，所以正弦交流电的平均值为

$$\begin{aligned} I_{av} &= \frac{\int_0^T |i(t)|dt}{T} = \frac{2\int_0^{\frac{T}{2}} I_m \sin\omega t\, dt}{T} = \frac{2\int_0^{\frac{T}{2}} I_m \sin\omega t\, dt}{T} \\ &= \frac{\frac{2I_m}{\omega}\int_0^{\frac{T}{2}} \sin\omega t\, d(\omega t)}{\frac{2\pi}{\omega}} = \frac{I_m}{\pi}(-\cos\omega t)\Big|_0^{\frac{T}{2}} \\ &= \frac{I_m}{\pi}(-\cos\pi + \cos 0) = \frac{2I_m}{\pi} \end{aligned}$$

巩固练习

习题 3.5

1. 计算由抛物线 $y = x^2$ 及直线 $x = -1$，$x = 2$ 和 x 轴所围成的平面图形的面积.

2. 计算由抛物线 $y = x^2 + 2$ 及直线 $x = 0$，$x = 1$ 和 x 轴所围成的平面图形的面积.

3. 计算由抛物线 $y = x^2$ 及直线 $y = x$ 所围成的平面图形的面积.

4. 设把金属杆的长度从 a 拉长到 $a + x$ 时，所需的力等于 $\dfrac{k}{a}x$，其中 k 为常数，试求将金属杆由长度从 a 拉长到 b 时所做的功.

5. 图 3.19 中元件的端电流为 $i = \begin{cases} 0, & t < 0 \\ 20\mathrm{e}^{-5000t}, & t \geq 0 \end{cases}$（单位：A），计算在时间 $[0, T]$ 内进入元件上端的总电荷（单位：μC）.

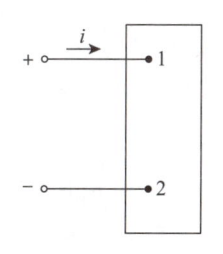

图 3.19

第 4 章　航空数学知识模块

4.1　公制单位与英制单位的转换

✏ 提出问题

问题　请查询资料,把以下单位进行换算:

1 in = ＿＿＿＿＿＿ cm　　　　1 mile = ＿＿＿＿＿＿ km

1 oz = ＿＿＿＿＿＿ g　　　　1 lb = ＿＿＿＿＿＿ kg

1 lb = ＿＿＿＿＿＿ oz　　　　1 mile = ＿＿＿＿＿＿ ft

1 km = ＿＿＿＿＿＿ mile　　1 gal(UK) = ＿＿＿＿＿＿ L

英制单位与公制单位的换算

✏ 知识储备

目前世界上使用的测量单位系统有很多,常见的有英制、公制和国际单位制等.本节我们主要介绍它们之间的换算关系.

英制(The Imperial System)是英国和美国等英语国家使用的测量系统.长度的主要单位是英尺,质量的主要单位是磅,体积的主要单位是加仑,温度的单位是华氏度.由于各种历史原因,英制单位系统相当复杂.

公制(The Metric System)是欧洲大陆及世界大多数国家所采用的一种测量单位系统,基本单位为千克、米和秒等.

国际单位制(The International System)源自公制,是现在世界上最普遍采用的标准度量衡单位系统,采用十进制单位系统,于1960年第十一届国际计量大会通过,推荐世界各国使用.

下面我们来了解常见的英制单位与公制单位的符号表示与换算关系,为了便于掌握这些单位,我们采取中英文对照的方式给出,见表4.1.

表 4.1 常见的英制单位与公制单位的符号表示与换算关系

单位种类	符号表示	中文表示
长度单位	1 in = 2.54 cm	1 英寸 = 2.54 厘米
	1 ft = 30.48 cm	1 英尺 = 30.48 厘米
	1 yd = 0.91 m	1 码 = 0.91 米
	1 mile = 1.6 km	1 英里 = 1.6 千米
	1 mile = 5280 ft	1 英里 = 5280 英尺
	1 km = 0.62 mile	1 千米 = 0.62 英里
	1 m = 1.09 yd	1 米 = 1.09 码
	1 cm = 0.39 in	1 厘米 = 0.39 英寸
	1 m = 39.2 in	1 米 = 39.2 英寸
	1 mile = 0.87 mile	1 英里 = 0.87 海里
	1 mile = 1.15 mile	1 海里 = 1.15 英里
	1 mm = 0.03937 in	1 毫米 = 0.03937 英寸
	1 m = 3.2808 ft	1 米 = 3.2808 英尺
体积单位	1 in^3 = 16.4 cm^3	1 立方英寸 = 16.4 立方厘米
	1 floz = 29.56 cm^3	1 液盎司 = 29.56 立方厘米
	1 teaspoon = 4.9 mL	1 茶匙 = 4.9 毫升
	1 tablespoon = 14.8 mL	1 汤匙 = 14.8 毫升
	1 cup = 236.6 mL	1 杯 = 236.6 毫升
	1 pt(US) = 2 cup	1 品脱(美) = 2 杯
	1 qt(US) = 2 pt(US)	1 夸脱(美) = 2 品脱(美)
	1 qt(US) = 0.95 L	1 夸脱(美) = 0.95 升
	1 L = 1.06 qt(US)	1 升 = 1.06 夸脱(美)
	1 gal(US) = 4 qt(US)	1 加仑(美) = 4 夸脱(美)
	1 gal(US) = 3.79 L	1 加仑(美) = 3.79 升
	1 gal(UK) = 4.5 L	1 加仑(英) = 4.5 升
	1 gal(US) = 0.83 gal(UK)	1 加仑(美) = 0.83 加仑(英)
	1 gal(UK) = 1.20 gal(US)	1 加仑(英) = 1.20 加仑(美)
	1 L = 1000 cm^3	1 升 = 1000 立方厘米
	1 ft^3 = 0.0283 m^3	1 立方英尺 = 0.0283 立方米
	1 mL = 0.0338 floz	1 毫升 = 0.0338 液盎司
	1 L = 0.2642 gal(US)	1 升 = 0.2642 加仑(美)
	1 m^3 = 35.34 ft^3	1 立方米 = 35.34 立方英尺
	1 in^3 = 5.787 × 10^{-4} ft^3	1 立方英寸 = 5.787 × 10^{-4} 立方英尺

续表

单位种类	符号表示	中文表示
体积单位	1ft^3 = 1728 in^3	1 立方英尺 = 1728 立方英寸
	1ft^3 = 7.48052 gal(US)	1 立方英尺 = 7.48052 加仑（美）
质量单位	1 oz = 28.35 g	1 盎司 = 28.35 克
	1 lb = 0.454 kg 或 454 g	1 磅 = 0.454 千克或 454 克
	1 lb =16 oz	1 磅 = 16 盎司
	1 oz = 0.0625 lb	1 盎司 = 0.0625 磅
	1 st = 2000 lb = 907.2 kg	1 短吨 = 2000 磅 = 907.2 千克
	1 t = 1000 kg = 2205 lb	1 吨 = 1000 千克 = 2205 磅
	1 g = 0.3527 oz	1 克 = 0.03527 盎司
	1 kg = 2.205 lb	1 千克 = 2.205 磅

以上是长度、体积和质量方面的单位转换，还有其他的常用单位转换如下．常见分数、小数英寸与毫米的换算表见表 4.2．

表 4.2　常见分数、小数英寸与毫米的换算表

分数英寸	小数英寸	俗　称	毫　米
1/64	0.015625	—	0.3969
1/32	0.031250	2 厘半	0.7937
3/64	0.046875	—	1.1906
1/16	0.062500	5 厘	1.5875
5/64	0.078125	—	1.9844
3/32	0.093750	7 厘半	2.3812
7/64	0.109375	—	2.7781
1/8	0.125000	1 分	3.1750
9/64	0.140625	—	3.5719
5/32	0.156250	1 分 2 厘半	3.9687
11/64	0.171875	—	4.3656
3/16	0.187500	1 分半	4.7625
13/64	0.203125	—	5.1594
7/32	0.219750	1 分 7 厘半	5.5562
15/64	0.234375	—	5.9531
1/4	0.250000	2 分	6.3500
17/64	0.265625	—	6.7469
9/32	0.281250	2 分 2 厘半	7.1437

续表

分数英寸	小数英寸	俗　称	毫　米
19/64	0.296875	—	7.5406
5/16	0.312500	2分半	7.9375
21/64	0.328125	—	8.3344
11/32	0.343750	2分7厘半	8.7312
23/64	0.359375	—	9.1284
3/8	0.375000	3厘	9.5250
25/64	0.390625	—	9.9219
13/32	0.406250	3分2厘半	10.3187
27/64	0.421875	—	10.7156
7/16	0.437500	3分半	11.1125
29/64	0.453125	—	11.5094
15/32	0.468750	3分7厘半	11.9063
31/64	0.484375	—	12.3031
1/2	0.500000	4分	12.7000
33/64	0.515625	—	13.0969
17/32	0.531250	4分2厘半	13.4937
35/64	0.546875	—	13.8906
9/16	0.562500	4分半	14.2875
37/64	0.578125	—	14.6844
19/32	0.593750	4分7厘半	15.0812
39/64	0.609375	—	15.4781
5/8	0.625000	5分	15.8750
41/64	0.640625	—	16.2719
21/32	0.656250	5分2厘半	16.6687
43/64	0.671875	—	17.0656
11/16	0.687500	5分半	17.4625
45/64	0.703125	—	17.8594
23/32	0.718750	5分7厘半	18.2562
47/64	0.734375	—	18.6531
3/4	0.750000	6分	19.0500
49/64	0.765625	—	19.4469
25/32	0.781250	6分2厘半	19.8437

续表

分数英寸	小数英寸	俗　称	毫　米
51/64	0.796875	—	20.2406
13/16	0.812500	6分半	20.6375
53/64	0.828125	—	21.0344
27/32	0.843750	6分7厘半	21.4312
55/64	0.859375	—	21.8281
7/8	0.875000	7分	22.2250
57/64	0.890625	—	22.6219
29/32	0.906250	7分2厘半	23.0187
59/64	0.921875	—	23.4156
15/16	0.937500	7分半	23.8125
61/64	0.953125	—	24.2094
31/32	0.968750	7分7厘半	24.6062
63/64	0.984375	—	25.0031
1	1.000000	8分	25.4000

常见英寸与毫米的换算表见表4.3.

表4.3　常见英寸与毫米的换算表

英　寸	毫　米	英　寸	毫　米
1/4	8	18	450
3/8	10	20	500
1/2	15	24	600
3/4	20	26	650
1	25	28	700
5/4	32	30	750
3/2	40	32	800
2	50	34	850
7/2	65	36	900
3	80	42	1050
3 1/2	90	48	1200
4	100	54	1350
5	125	60	1500

续表

英 寸	毫 米	英 寸	毫 米
6	150	64	1600
8	200	72	1800
10	250	80	2000
12	300	84	2100
14	350	88	2200
16	400	96	2400

其他单位的英制与公制换算表见表 4.4。

表 4.4　其他单位的英制与公制换算表

单位种类	符 号	被乘数	乘 数	积	符 号
温度单位	°F	华氏度	(°F−32)×5÷9	摄氏度	°C
	°C	摄氏度	°C×9÷5+32	华氏度	°F
面积单位	in²	平方英寸	6.45	平方厘米	cm²
	ft²	平方英尺	0.0929	平方米	m²
	cm²	平方厘米	0.155	平方英寸	in²
压强单位	psi	磅/平方英寸	0.069	巴	bar
	psi	磅/平方英寸	6.89	千帕	kPa
	psi	磅/平方英寸	0.07	千克/平方厘米	kg/cm²
	lb/ft²	磅/平方英尺	4.88	千克/平方厘米	kg/m²
	kPa	千帕	0.145	磅/平方英寸	psi
	kg/cm²	千克/平方厘米	14.22	磅/平方英寸	psi
	bar	巴	14.5	磅/平方英寸	psi
	atm	标准大气压	29.92	英寸汞柱（0℃）	inHg
	atm	标准大气压	14.7	磅/平方英寸	psi
	ftH₂O	英尺水柱	0.4335	磅/平方英寸	psi
	inHg	英寸汞柱	0.4912	磅/平方英寸	psi
	psi	磅/平方英寸	2.307	英尺水柱	ftH₂O
	psi	磅/平方英寸	2.036	英寸汞柱	inHg

续表

单位种类	符　号	被乘数	乘　　数	积	符　号
流量单位	ft³/min	立方英尺/分	62.43	磅/分	lb/min
	ft³/s	立方英尺/秒	448.831	加仑/分	gal/min
功率单位	hp	英制马力	33000	英尺磅力/分	ft·lbf/min
	hp	英制马力	550	英尺磅力/秒	ft·lbf/s
	hp	英制马力	745.7	瓦	W
	ft·lbf/s	英尺磅力/秒	4.6264	英制热单位/时	Btu/h
	kW	千瓦	1.341	英制马力	hp
能量单位	Btu	英国热单位	778.3	英尺磅力	ft·lbf
	kW·h	千瓦时	3413	英制热单位	Btu

磅级和公称压强对照表见表 4.5.

表 4.5　磅级和公称压强对照表

磅　级	150	300	400	600	800	900	1500	2500
公称压强 MPa	1.6 2.0	2.5 4.0 5.0	6.3	10.0	—	15.0	25.0	42.0

✏ 解决问题

解　1 in = ____2.54____ cm　　　　1 mile = ____1.6093____ km

　　　1 oz = ____28.4____ g　　　　　1 lb = ____0.454____ kg

　　　1 lb = ____16____ oz　　　　　1 mile = ____5280____ ft

　　　1 km = ____0.62____ mile　　　1 gal(UK) = ____4.5____ L

✏ 巩固练习

✏ 习题 4.1

请对照单位换算表，完成以下单位的换算：

1 gal（US）=_____ L　　　1 m = _____ yd

1 cm = _____ in　　　　　1 L = _____ cm³

1 st = _____ kg　　　　　1 hp = _____ W

4.2 游标卡尺与千分尺的使用

在航空维修使用的测量工具中,常会用到游标卡尺和千分尺,学习使用这两种测量工具是本节的主要任务.

游标卡尺的读数方法

📝 提出问题

问题 1 如图 4.1 所示,这个游标卡尺读数是多少?

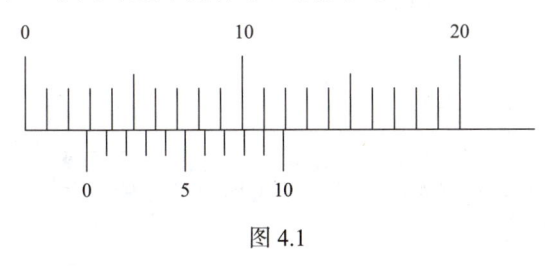

图 4.1

问题 2 如图 4.2 所示,这个千分尺读数是多少?

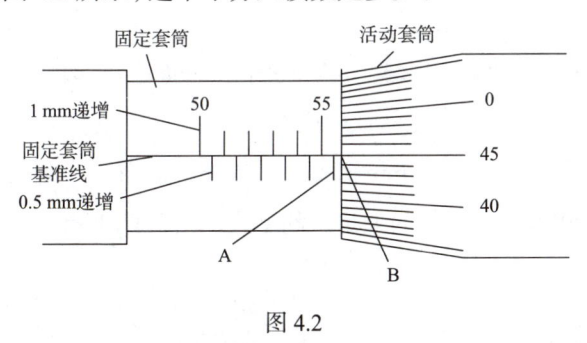

图 4.2

📝 知识储备

4.2.1 游标卡尺

游标卡尺是工业上常用的测量长度的仪器,它由尺身及能在尺身上滑动的游标等组成,如图 4.3 所示.从背面看,游标是一个整体.游标与尺身之间有一个弹簧片,利用弹簧片的弹力使游标与尺身靠紧.游标上部有一个紧固螺钉,可将游标固定在尺身上的任意位置.尺身和游标都有量爪,利用上量爪可以测量槽的宽度和管的内径,利用下量爪可以测量零件的厚度和管的外径.深度尺与游标连在一起,可以测槽和筒的深度,应用范围很广.

图 4.3

1. 游标卡尺的三种结构型式

（1）测量范围为 0～150 mm 的游标卡尺，制成带有刀口形的上、下量爪和带有深度尺的型式，如图 4.4 所示．

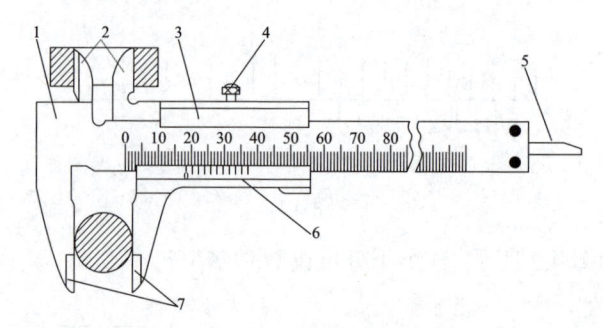

1—尺身；2—上量爪；3—尺框；4—紧固螺钉；5—深度尺；6—游标；7—下量爪

图 4.4

（2）测量范围为 0～200 mm 和 0～300 mm 的游标卡尺，可制成带有内外测量面的下量爪和带有刀口形的上量爪的型式，如图 4.5 所示．

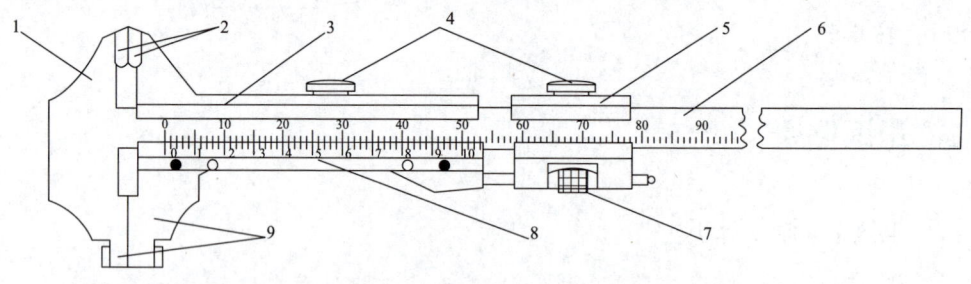

1—尺身；2—上量爪；3—尺框；4—紧固螺钉；5—微动装置；6—主尺；7—微动螺母；
8—游标；9—下量爪

图 4.5

（3）测量范围为 0～200 mm 和 0～300 mm 的游标卡尺，可制成只带有内外测量面的下量爪的型式，而测量范围大于 300 mm 的游标卡尺，只制成这种仅带有下量爪的型式，如图 4.6 所示．

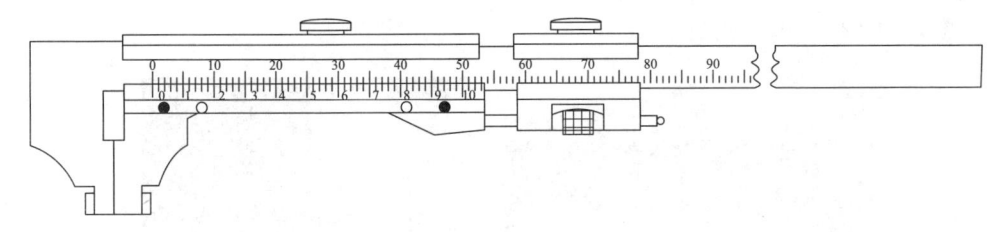

图 4.6

游标卡尺根据游标最小刻度值的不同分为 0.05 mm 和 0.02 mm 两种．若游标上有 50 个刻度（50 分度），则每个刻度表示 0.02 mm；若游标上有 20 个刻度（20 分度），则每个刻度表示 0.05 mm.

图 4.7 是 20 分度游标卡尺．图 4.8 是 50 分度游标卡尺．

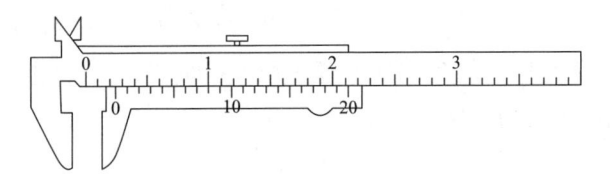

图 4.7

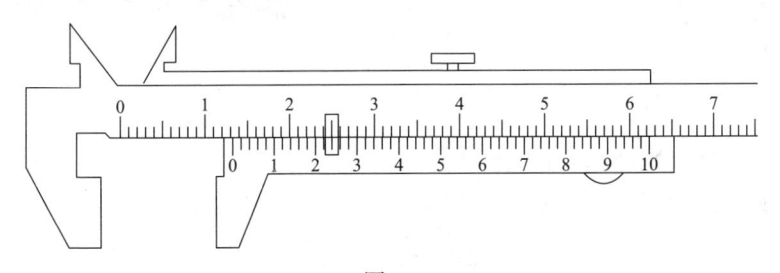

图 4.8

游标卡尺刻度原理：游标总长度等于 9 mm，则游标每一小格长度等于 9/10 mm，如图 4.9 所示．

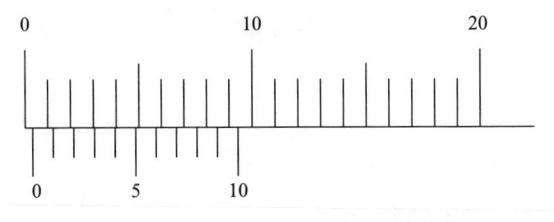

图 4.9

如图 4.10 所示，游标刻度将 49 mm 平均分为 50 等份．主尺是以毫米来划分刻度的，将 1 cm 平均分为 10 个刻度，在厘米刻度线上标有数字 1、2、3 等，表示 1 cm、2 cm、3 cm，如图 4.11 所示．该游标卡尺的主尺和游标的每个刻度差 0.02 mm，这就是此游标卡尺的测量精度.

图 4.10　　　　　　　　　图 4.11

现有游标卡尺采用无视差结构,使游标刻线与主尺刻线处在同一平面上,消除了在读数时因视线倾斜而产生的视差;为了便于读数准确,提高测量精度,有的游标卡尺装有测微表成为带表游标卡尺,如图 4.12 所示;还有一种带有数字显示器的游标卡尺(图 4.13),这种游标卡尺在零件表面上量得尺寸时,就直接用数字显示出来,使用起来极为方便.

图 4.12　　　　　　　　　图 4.13

带表游标卡尺结构如图 4.14 所示.

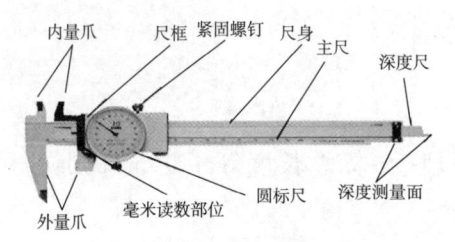

图 4.14

带数字显示器的游标卡尺结构如图 4.15 所示.

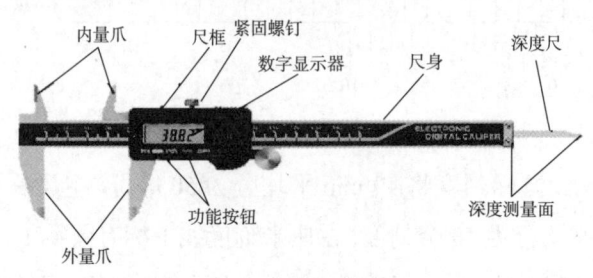

图 4.15

2. 游标卡尺的使用方法

游标卡尺的使用方法如下：

（1）使用前先把量爪和被测零件表面擦净；

（2）检查各部件的相互作用，拉动尺框沿尺身移动，检查其移动是否灵活，有无阻滞或卡死现象，紧固螺钉能否起作用；

（3）校对零位，使卡尺两量爪紧密贴合，检查主尺零线与游标零线是否对齐，带数字显示器的游标卡尺是否归零，带表游标卡尺指针是否处于"0"位置；

（4）用三用卡尺测量深度时，卡尺的深度尺应垂直放好，不要前后左右倾斜，卡尺端面应与被测零件的顶面贴合，深度尺应与被测底面接触；

（5）读数时，视线应与刻线相垂直；

（6）不能用卡尺测量运动着的工件；

（7）卡尺不要放在强磁场附近；

（8）卡尺使用完后，应擦净放在量具盒内．

注意，使用游标卡尺时先应依照下列事项逐一检查：

（1）测定量爪的密合状态，如图 4.16 所示；

（2）零点校正，如图 4.17 所示；

（3）检查游标的移动状况．

图 4.16

图 4.17

测量前，先清理被测零件及游标．

在测量外径时，需要将零件深夹在量爪中，然后用右手拇指轻压游标卡尺，使被测零件和游标卡尺保持垂直状态，如图 4.18 所示．

在测量内径时，先用拇指轻轻拉开游标，并使主尺量爪与被测零件保持正确的接触，上下晃动，由指示的最大尺寸读取读数，如图 4.19 所示．

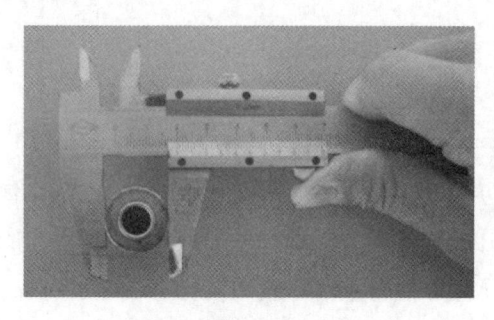

图 4.18 　　　　　　　　　　　　图 4.19

游标卡尺的维护注意事项：

（1）游标卡尺是一种精密的测量工具，要获得很好的精度应小心轻放和妥善保存；

（2）测量前要清洁、查看精度；

（3）读数时目光对齐刻度线，以减小误差，如图 4.20 所示；

（4）测量后要清洁并涂上防锈油、小心存放，如图 4.21 所示．

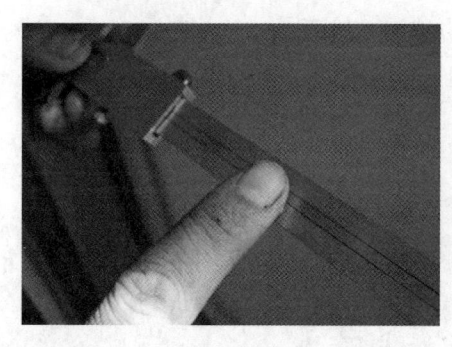

图 4.20 　　　　　　　　　　　　图 4.21

游标卡尺的读法（图 4.22）：①以游标零刻线位置为准，在主尺上读取整毫米数；②看游标上哪条刻线与主尺上的某一刻线（不用管是第几条刻线）对齐，在游标上读出毫米以下的小数；③总的读数为毫米整数加上毫米小数．

图 4.22

游标卡尺的读数方法（图 4.23）：① 找精度（0.1 mm、0.05 mm、0.02 mm）；② 代入公式：$L = X + n \times$ 精度（L 为测量长度，X 为整毫米数，n 为游标上第几刻线对齐）

请思考如何找出对得最齐的刻线？

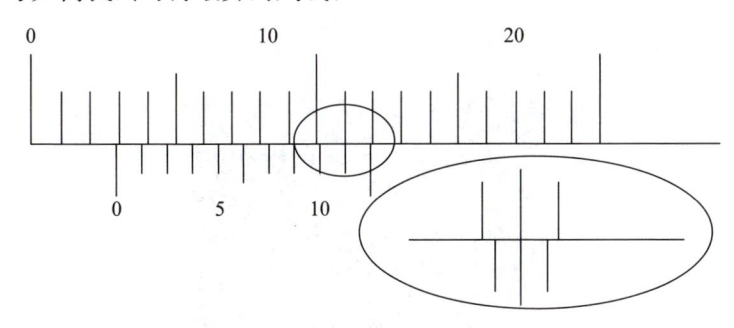

图 4.23

例 1 图 4.24 中游标卡尺的读数是多少？

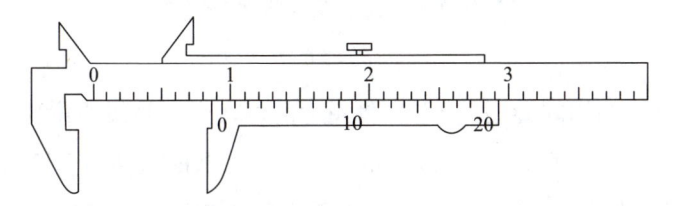

图 4.24

解 $9 + 6 \times 0.05 = 9.15$ mm.

例 2 图 4.25 中游标卡尺的读数是多少？

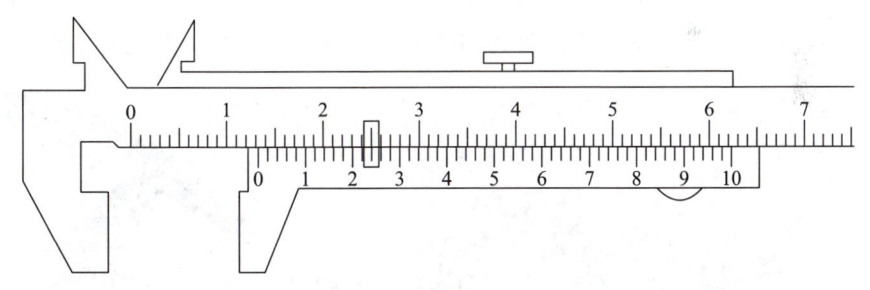

图 4.25

解 $13 + 12 \times 0.02 = 13.24$ mm.

注意：读数时应注意精确度.

4.2.2 千分尺

1. 概述

千分尺是一种精密量具，它可精确到 0.01 mm，主要分为外径、内径和深度千

千分尺的读数方法

分尺.外径千分尺在航空维修工作中使用极为广泛,必须熟练掌握.

外径千分尺如图 4.26 所示.

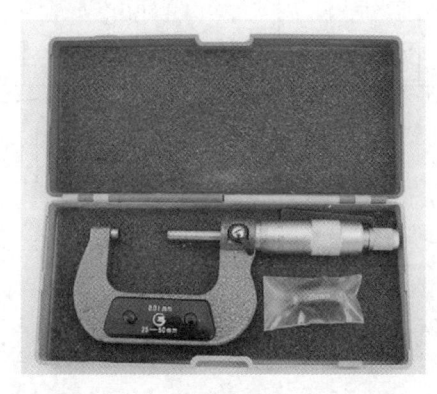

图 4.26

外径千分尺利用螺旋副的原理,将角度的位移变为直线的位移,利用固定套筒和活动套筒之间的关系达到 0.01 mm 的精度.读数时依活动套筒的侧端读固定套筒上的整数,在活动套筒上读与固定套筒上基线相重合的读数,两个读数相加,即为实际尺寸.

外径千分尺是用于外径宽度测量的千分尺,测量范围一般为 0 ~ 25 mm.

根据所测零部件外径粗细不同,可选用测量范围为 0 ~ 25 mm,25 ~ 50 mm,50 ~ 75 mm,75 ~ 100 mm 等多种规格的千分尺,如图 4.27 和图 4.28 所示.

图 4.27   图 4.28

外径千分尺的构造如图 4.29 所示,主要由测砧、测微螺杆、尺架、固定套筒、活动套筒、棘轮旋钮及锁紧装置等部件组成.

— 114 —

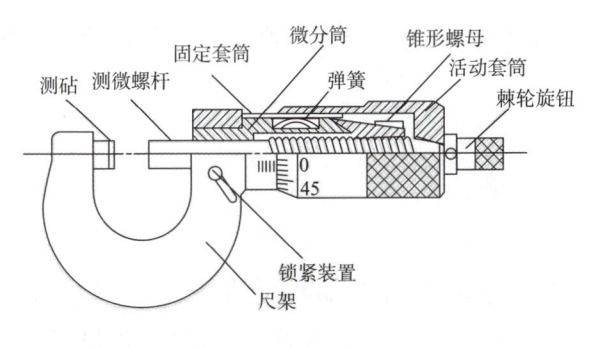

图 4.29

固定套筒上刻有刻度,如图 4.30 所示,测轴每转动一周即可沿轴方向前进或后退 0.5 mm. 活动套筒的外圆上刻有 50 等份的刻度,在读数时每等份为 0.01 mm.

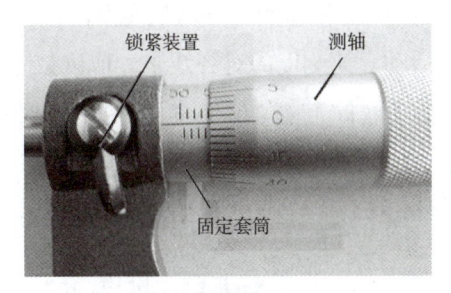

图 4.30

棘轮旋钮(图 4.31)的作用是保证测轴的测定压力,当测定压力达到一定值时,限荷棘轮便会空转. 若测定压力不固定,则无法测得正确尺寸.

图 4.31

2. 外径千分尺的用法及注意事项

外径千分尺使用方法:

(1) 使用前应先校对零点;

(2) 手持 U 形曲柄,将测砧靠在被测零件上,再转动微分筒靠近零件;

— 115 —

（3）当测量螺杆快要接近零件时，必须改为拧棘轮，听到"嘎嘎"声时表示压力合适，停止拧动；

（4）锁紧，读数．

外径千分尺注意事项：

（1）不允许测量零件的未加工表面；

（2）如被测零件表面有污渍，须先清洁测量点；

（3）拧动棘轮时动作不能过快，以免造成压力过大测量不准；

（4）严禁通过直接拧活动套筒卡紧工件读数，这样往往会使压力过大，不仅测量不准，还会对精密螺纹造成损坏．

3. 外径千分尺的读数

固定套筒刻度可以精确到 0.5 mm（可以读至 0.5 mm），由此以下的刻度则要根据固定套筒基准线和活动套筒刻度的对齐线来读取读数．如图 4.32 所示，固定套筒上的读数为 55 mm，活动套筒上的 0.010 mm 的刻度线对齐基准线，因此读数是 55 + 0.010 = 55.010 mm．

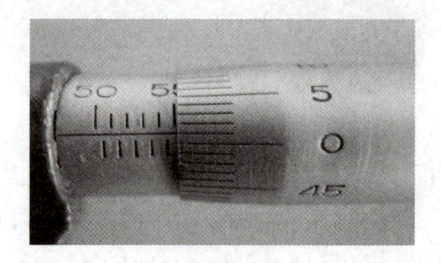

图 4.32

4. 外径千分尺的零校准

（1）使用前应确保外径千分尺零点校正，若有误差（图 4.33）请用调整扳手调整或用测定值减去误差．

图 4.33

（2）活动套筒前端面应在固定套筒的"0"刻线位置，且活动套筒上的"0"刻线要与固定套筒的基准线对齐．若两者中有一个"0"刻线不能对齐，则该千分尺有误差，应检查调整后才能继续测量，如图 4.34 所示．

图 4.34

（3）根据以上方法进行校正后，如果零点有偏差，应先检查测定面接触状况是否良好，然后根据误差的大小进行调整，如图 4.35 所示．

图 4.35

1）当误差在 0.02 mm 以下时，把调整扳手的前端插入固定套筒内，转动固定套筒，使活动套筒的"0"刻线和固定套筒上的基准线对齐（图 4.36），经几次调整后，再进行零点检查，若还有偏差，则根据上述方法再次调整．

图 4.36

2）当误差在 0.02 mm 以上时,如只调整固定套筒,则会因固定套筒基准线的移动导致不易读取刻度,此时的调整步骤如下.

步骤 1：使用调整扳手紧固活动套筒和测轴,如图 4.37 所示；

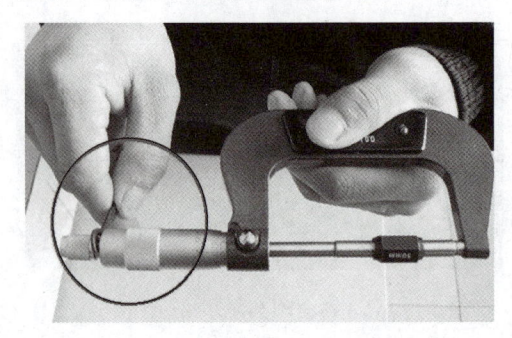

图 4.37

步骤 2：松解棘轮螺钉,转动活动套筒,大致调整零点的偏差在 0.02 mm 以下后,紧固棘轮螺钉,如图 4.38 所示；

图 4.38

步骤 3：再次进行零点校正,确定误差在 0.02 mm 以下后,再按前面介绍的调整方法,利用固定套筒进行微调.

例 3 图 4.39 中千分尺读数是多少？

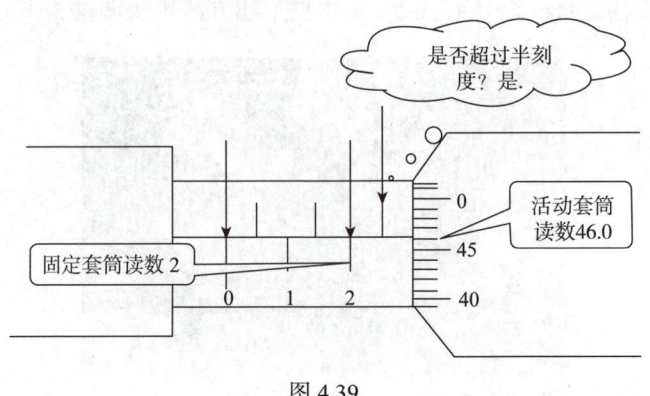

图 4.39

解 读数 $L=$ 固定套筒读数 $+$ 半刻度 $+$ 活动套筒刻度 $= 2 + 0.5 + 0.460 =$ 2.960 mm．

例 4 图 4.40 中千分尺读数是多少？

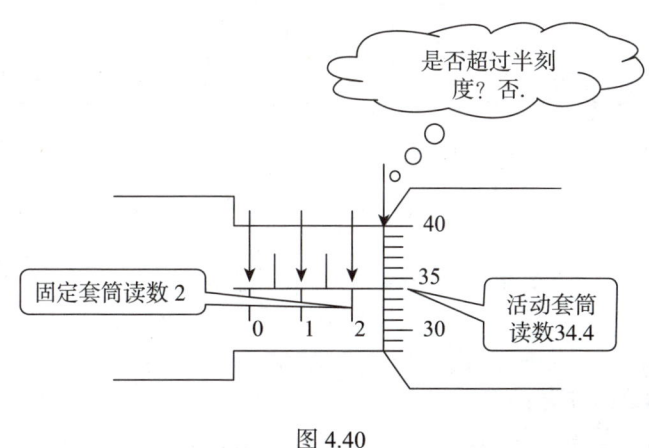

是否超过半刻度？否．

固定套筒读数 2

活动套筒读数34.4

图 4.40

解 读数 $L=$ 固定套筒读数 $+$ 半刻度 $+$ 活动套筒刻度 $= 2 + 0.0 + 0.344 =$ 2.344 mm．

例 5 图 4.41 中千分尺读数是多少？

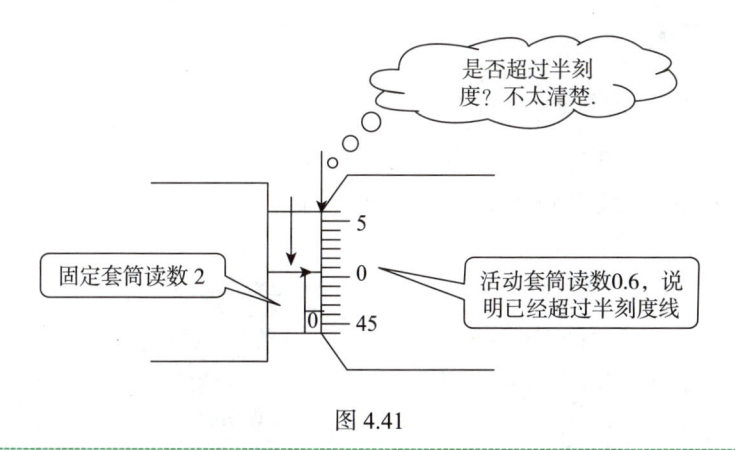

是否超过半刻度？不太清楚．

固定套筒读数 2

活动套筒读数0.6，说明已经超过半刻度线

图 4.41

解 读数 $L=$ 固定套筒读数 $+$ 半刻度 $+$ 活动套筒读数 $= 0 + 0.5 + 0.006 =$ 0.506 mm．

例 6 图 4.42 中千分尺读数是多少？

图 4.42

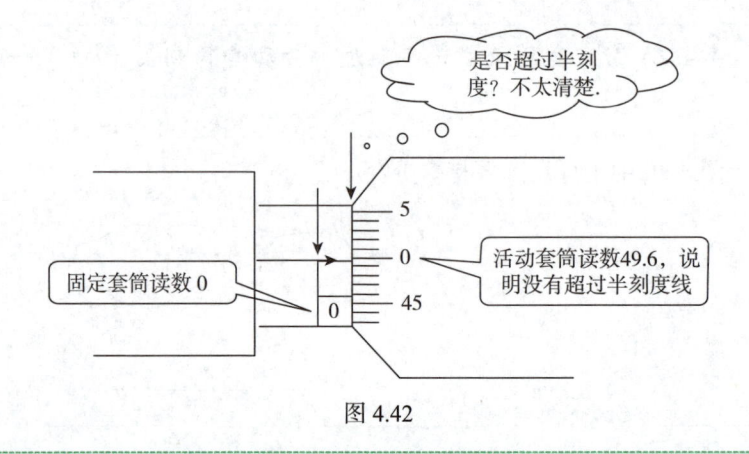

> **解** 读数 L = 固定套筒读数 + 半刻度 + 活动套筒读数 = 0 + 0.0 + 0.496 = 0.496 mm．

千分尺读数时注意：

（1）有的千分尺的活动套筒上的刻度分为 100 等份，螺距为 1 mm，其固定刻度上无须半毫米刻度，活动套筒上的刻度的每一等份仍表示 0.01 mm．

（2）有的千分尺的活动套筒上的刻度为 50 等份，而固定套筒的刻度上无半毫米刻度，只能用眼进行估计．

解决问题

解 问题 1 答案是 $2 + 9 \times 0.1 = 2.9$ mm．

问题 2 固定套筒上的读数为 55.5 mm，活动套筒上的 0.450 mm 的刻度线对齐基准线，因此读数是 55.5 + 0.450 = 55.950 mm．

巩固练习

习题 4.2

习题答案详解

1. 如下读数都有可能是多少分度的游标卡尺测量的？
（1）4.35 mm；　　　　　　（2）0.28 mm．
2. 指出图 4.43 中游标卡尺的各个部位的名称．

图 4.43

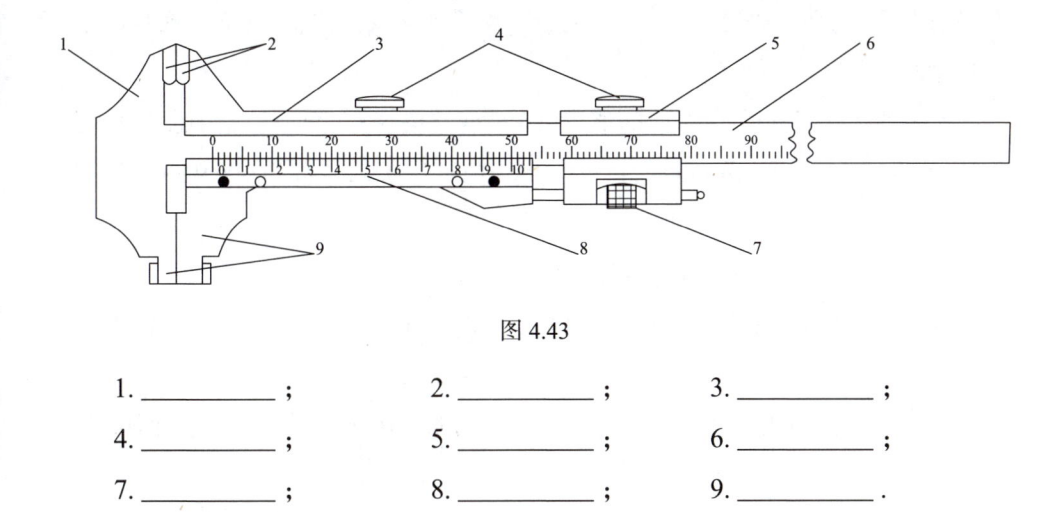

1. ＿＿＿＿＿＿＿ ；　　2. ＿＿＿＿＿＿＿ ；　　3. ＿＿＿＿＿＿＿ ；
4. ＿＿＿＿＿＿＿ ；　　5. ＿＿＿＿＿＿＿ ；　　6. ＿＿＿＿＿＿＿ ；
7. ＿＿＿＿＿＿＿ ；　　8. ＿＿＿＿＿＿＿ ；　　9. ＿＿＿＿＿＿＿ 。

4.3　扭矩、功与功率的计算

扭矩的计算

提出问题

问题 1　如果你有一个 25 in 的扭矩扳手，设置为 150 in·lbf，添加一个 5 in 的扩展后，实际扭矩是多少？

问题 2　使用起重机，在 5 min 内将质量为 20000 lb 的飞机提升到 20 ft 的高度，起重机做了多少功？功率是多大？

知识储备

4.3.1　扭矩扳手

扭矩扳手是航空维修工作中最常用的工具之一，它属于一种精密的测量工具．其用于在安装紧固件时测量紧固件的扭矩，这样可防止由于力矩过大破坏紧固件或部件，也可防止由于力矩过小造成紧固件松脱．扭矩扳手不能用来拧松紧固件．紧固件的拧紧力矩一般在手册中都有规定，力矩的大小与紧固件的尺寸规格有关．常用的力矩单位有英尺磅力（ft·lbf）、英寸磅力（in·lbf）、千克力米（kgf·m）、牛·米（N·m）等．

扭矩：扭矩是使物体发生转动的力矩．发动机的扭矩就是指发动机从曲轴端输出的力矩,在功率固定的条件下,它与发动机转速成反比,转速越快扭矩越小,反之越大.

力矩的大小等于力和力臂的乘积,国际单位是 N·m,此外我们还可以看到 kgf·m、ft·lbf、in·lbf 这样的力矩单位,由于 $G = mg$,因此当 $g = 9.8$ m/s^2 的时候,有

$$1 \text{ kgf} \cdot \text{m} = 9.8 \text{ N} \cdot \text{m}$$

而 ft·lbf 则是英制的力矩单位,由 1 lb = 0.4536 kg,1 ft = 0.3048 m,可以算出

$$1 \text{ft} \cdot \text{lbf} = 0.13826 \text{ kgf} \cdot \text{m}$$

在人们的日常表达里,扭矩常常被称为扭力(在物理学中这是两个不同的概念).

小结:1 kgf·m = 9.8 N·m,1 ft·lbf = 0.13826 kgf·m,1 ft·lbf = 1.355 N·m.

在设备连接中常用到螺纹连接.采用螺纹连接时为了达到可靠而紧固的目的,必须保证螺纹副具有一定摩擦力矩,此摩擦力矩是由连接时施加拧紧力矩后,螺纹副产生了预紧力而获得的.预紧力的大小与零件材料及螺纹直径等有关,对连接后有预紧力要求的装置,其预紧力(或拧紧力矩)数据可从装配工艺文件中找到.

控制螺纹预紧力的方法:利用专用的装配工具,如扭矩扳手,电动、风动板手等.

扭矩扳手亦称力矩扳手、测力扳手、公斤扳手等,是一种可以按工艺要求预设限定或指示、测量拧紧螺纹连接组件扭矩值的手动扳手,也是一种扭矩计量工具.

在紧固螺丝、螺栓、螺母等螺纹紧固件时,需要控制施加的力矩大小,以保证螺纹紧固且不至于因力矩过大而破坏螺纹,所以用扭矩扳手来操作.首先设定好一个需要的扭矩值上限,当施加的扭矩达到设定值时,扳手会发出"卡塔"声响或者扳手连接处折弯一点角度,这就代表已经紧固不要再加力了.

4.3.2 扭矩的计算

对于某些紧固件,常需要在扭矩扳手的接头上连接一个长度适配器,来加长力臂,以得到特定的力矩值,如图 4.44 所示.扩展扭矩扳手的量程时必须根据飞机维护手册的"标准施工中的力矩值"这一节的规定进行换算.

扭矩扳手的扭矩计算公式如下：

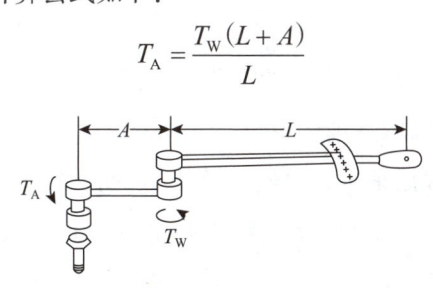

$$T_A = \frac{T_W(L+A)}{L}$$

图 4.44

式中，T_W 为扳手上显示的扭矩；T_A 为长度适配器上应用的扭矩；L 为扭矩扳手的杠杆长度；A 为长度适配器的力臂．

例1 如果有一个 20″ 扭矩扳手设置为 120 in·lbf，现添加一个 5″ 扩展，则实际扭矩是多少？

解 根据扭矩公式，得 $T_A = \dfrac{T_W(L+A)}{L} = \dfrac{120 \times (20+5)}{20} = 150$，所以实际的扭矩是 150 in·lbf．

反过来，如果需要 150 in·lbf 的扭矩紧固件，现在已有一个 20″ 扭矩扳手和 5″ 长度适配器，则对扳手的扭矩设置应是多少？

利用公式，有 $T_W = \dfrac{T_A L}{L+A} = \dfrac{150 \times 20}{20+5} = \dfrac{3000}{25} = 120$，所以需要在扭矩扳手上设置扭矩为 120 in·lbf，利用长度适配器可得到 150 in·lbf 的扭矩．

例2 如果有一个 12″ 扭矩扳手设置为 60 in·lbf，现添加一个 4″ 扩展，则实际扭矩是多少？

解 根据扭矩公式，得 $T_A = \dfrac{T_W(L+A)}{L} = \dfrac{60 \times (12+4)}{12} = 80$，所以实际的扭矩是 80 in·lbf．

例3 计算所需的扭矩设置 T_W，其中 $T_A = 360$ in·lbf，$L = 12$ in，$A = 6$ in．

解 根据扭矩公式，得 $T_W = \dfrac{T_A L}{L+A} = \dfrac{360 \times 12}{12+6} = \dfrac{4320}{18} = 240$ in·lbf，所以所需的扭矩是 240 in·lbf．

4.3.3　功的定义

功的概念起源于早期工业发展的需要,当时的工程师们需要一个比较蒸汽机效能的办法.在实践中大家逐渐认识到,当燃烧同样多的燃料时,机械举起的重量与举起高度的乘积可以用来度量机器的效能,从而比较蒸汽机的优劣,并把物体的重量与其上升高度的乘积叫作**功**.到了19世纪20年代,法国科学家科里奥利扩展了这一基本思想,明确地把作用于物体上的力和受力点沿力的方向的位移的乘积叫作"力的功".

在学习初中物理时我们就已经跨越了历史的长河,认识到:一个物体受到力的作用,并在力的方向上发生了一段位移,这个力就对物体做了功.起重机提起货物时,货物在起重机拉力的作用下发生了一段位移,拉力就对物体做了功.列车在机车的牵引力作用下发生了一段位移,牵引力就对列车做了功.用手压缩弹簧,弹簧在手的压力下发生形变,也就是发生了一段位移,压力就对弹簧做了功.可见,力和物体在力的方向上发生的位移,是做功的两个不可缺少的因素.

在物理学中,如果力的方向与物体运动的方向一致,我们就把功定义为力的大小与位移大小的乘积.用 F 表示力的大小,用 L 表示位移的大小,用 W 表示力所做的功,则有

$$W = FL$$

当力 F 的方向与运动方向呈某一角度 α 时,可以把力分解为两个分力:与位移方向一致的分力 F_1,与位移方向垂直的分力 F_2,设物体在力 F 的作用下发生的位移的大小是 L,则分力 F_1 所做的功等于 $F_1 L$.分力 F_2 的方向与位移的方向垂直,物体在 F_2 的方向上没有发生位移,则 F_2 所做的功等于 0.因此,力 F 对物体所做的功 W 等于 $F_1 L$,所以

$$W = FL\cos\alpha$$

这就是说,**力对物体所做的功,等于力的大小、位移的大小、力与位移夹角的余弦这三者的乘积**.

功是标量,在国际单位制中,功的单位是焦耳,简称焦,符号是 J.1 J 等于 1 N 的力使物体在力的方向上发生 1 m 的位移时所做的功,所以

$$1\,\text{J} = 1\,\text{N} \times 1\,\text{m} = 1\,\text{N}\cdot\text{m}$$

当一个物体在几个力的共同作用下发生一段位移时,这几个力对物体所做的

总功,等于各个分力分别对物体所做功的代数和.可以证明,它也就是这几个力的合力对物体所做的功.

例 4　一个质量 $M=150\,\text{kg}$ 的雪橇,受到与水平方向呈 $\theta=37°$ 角斜向上方的拉力 $F=500\,\text{N}$,在水平地面上移动的距离 $L=5\,\text{m}$、雪橇与地面间的滑动摩擦力 $F_0=100\,\text{N}$.求各力对雪橇做的总功.

分析　雪橇受到的重力和支持力沿竖直方向,与雪橇运动方向垂直,不做功.拉力 F 可以分解为水平方向和竖直方向的两个分力,竖直方向的分力与运动方向垂直,不做功,所以力对雪橇做的总功为拉力的水平分力和阻力所做的功的代数和.

解　拉力在水平方向的分力为 $F_s=F\cos 37°$,它做的功为

$$W_1=F_s L=FL\cos 37°$$

摩擦力与运动方向相反,它做的功为负功,则

$$W_2=-F_0 L$$

力对物体做的总功为二者的代数和,即

$$W=W_1+W_2=FL\cos 37°-F_0 L$$

将题目所给的数值以及查表所得 $\cos 37°\approx 0.7986$ 的值代入,得

$$W=1496.5\,\text{J}$$

故各力对雪橇做的总功是 $1496.5\,\text{J}$.

4.3.4　功率

力是一个物体对另一物体的作用,所以,当我们说某力对物体做功时,实际上是指一个物体对另一个物体做功.

不同物体做相同的功,所用的时间往往不同,也就是说,做功的快慢并不相同.某起重机能在 $1\,\text{min}$ 内把 $1\,\text{t}$ 货物提到某一高度,另一台起重机只用 $30\,\text{s}$ 就可以做相同的功,则第二台起重机比第一台做功快一倍.

在物理学中,做功的快慢用**功率**表示.如果从开始计时到时刻 t 这段时间间隔内,力做的功为 W,则功 W 与完成这些功所用时间 t 的比值叫作**功率**,用 P 表示

功率,则有

$$P = \frac{W}{t} \qquad (4.1)$$

在国际单位制中,功率的单位是**瓦特**,简称**瓦**,符号是W,$1\,\text{W} = 1\,\text{J/s}$. 瓦这个单位比较小,实际中常用千瓦(kW)作功率的单位,$1\,\text{kW} = 1000\,\text{W}$.

速度、力、位移、时间都与功率相联系,这种联系在技术上具有重要意义.

如果物体沿位移方向受的力是F,从开始计时到时刻t这段时间间隔内,发生的位移是L,则力在这段时间所做的功是$W = FL$,根据式(4.1),有

$$P = \frac{W}{t} = \frac{FL}{t}$$

由于位移L是从开始计时到时刻t这段时间内发生的,因此$\frac{L}{t}$是物体在这段时间内的平均速度,即$\frac{L}{t} = v$,于是上式可以写成

$$P = Fv$$

可见,一个力对物体做功的功率,等于这个力与受力物体运动速度的乘积.

从$P = Fv$可以看出,汽车、火车等交通工具和各种起重机械,当发动机的功率P一定时,牵引力F与速度v成反比,要增大牵引力,就要降低速度.

汽车发动机的转动通过变速箱中的齿轮传递到车轮上,转速比可以通过变速杆来改变. 发动机输出的功率不能无限制地增大,所以汽车上坡时,司机要用"换挡"的办法降低速度,来得到较大的牵引力. 在平直的公路上,汽车受到的阻力较小,这时就可以使用较高转速的挡位,在发动机功率相同的情况下使汽车获得较高的速度.

然而,在发动机功率一定时,通过降低速度来增大牵引力或通过减小牵引力来提高速度,效果都是有限的. 所以,要提高速度和增大牵引力,必须提高发动机的额定功率,这就是高速火车、汽车和大型舰船需要大功率发动机的原因.

例5 某型号汽车发动机的额定功率为$60\,\text{kW}$,在水平路面上行驶时受到的阻力是$1800\,\text{N}$,求发动机在额定功率下汽车匀速行驶的速度. 在同样的阻力下,如果行驶速度只有$54\,\text{km/h}$,则发动机输出的实际功率是多少?

分析 发动机的额定功率是汽车长时间行驶时所能发出的最大功率. 实际功率不一定总等于额定功率,大多数情况下输出的实际功率都比额定功率小,但在

需要时,短时间也可以输出更大的功率.这个例题的两问分别属于两种不同的情况,应该注意这点.

此外,对于同一辆汽车,速度越大时所受空气阻力越大.题中说"在同样的阻力下",表明本题对于较低速度行驶时发动机的功率只要求估算.

解 汽车在水平路面上以额定功率 $P = 60 \text{ kW}$ 匀速行驶时,受到的阻力是 $F = 1800 \text{ N}$. 由于

$$P = Fv$$

因此

$$v = \frac{P}{F} = \frac{60000}{1800} \text{ m/s} = 33.3 \text{ m/s} = 120 \text{ km/h}$$

汽车以额定功率匀速行驶时的速度为 120 km/h,以较低的速度行驶时

$$v = 54 \text{ km/h} = 15 \text{ m/s}$$

于是

$$P = Fv = 1800 \times 15 \text{ W} = 27 \text{ kW}$$

所以汽车以 54 km/h 的速度行驶时,发动机输出的实际功率是 27 kW.

4.3.5 马力

由于英制与公制的不同,因此对马力的定义不一样.英制的马力(符号为 hp)定义为:一匹马于 1 min 内将质量为 200 lb 的物体拉动 165 ft,相乘之后等于 33000 ft·lbf/min,即

$$1 \text{ hp} = 33000 \text{ ft·lbf/min} = 550 \text{ ft·lbf/s}$$

而公制的马力(符号为 PS)定义为:一匹马于 1 min 内将质量为 75 kg 的物体拉动 60 m,相乘之后等于 4500 kg·m/min. 经过单位换算(1 lb = 0.454 kg;1ft = 30.48 cm),可以发现 1 hp = 4566 kg·m/min,与公制的 1 PS = 4500 kg·m/min 有些许差异,而如果以 1 W = 1 N·m/s = 9.8 kg·m/s 来换算的话,可得 1 hp = 746 W;1 PS = 735 W.

综上可知马力是功率单位,有两种:

(1)hp 是英制马力,1 hp = 0.7457 kW,1 kW = 1.34 hp;

（2）PS 是公制马力，1 PS = 0.7355 kW，1 kW = 1.36 PS．

如标记是 12 hp（英制马力），则 12 × 0.7457 = 8.95 kW；如仅标记 12 马力，一般按公制马力换算，即

$$12 × 0.7355 = 8.83 \text{ kW}$$

解决问题

解 问题 1 根据扭矩公式，即 $T_A = \dfrac{T_W(L+A)}{L} = \dfrac{150 \times (25+5)}{25} = 180$ in·lbf．

问题 2 $W = FL = 20000 \times 20 = 400000$ in·lbf

$P = \dfrac{W}{t} = \dfrac{400000}{5 \times 60} = 1333.3$ ft·lbf/s = 2.42 hp

巩固练习

习题 4.3

习题答案详解

1. 如果你有一个 30″ 扭矩扳手设置为 180 in·lbf，现添加一个 6″ 扩展，则实际扭矩是多少？

2. 计算所需的扭矩设置 T_W，其中 $T_A = 300$ in·lbf，$L = 15$ in，$A = 5$ in 的扩展．

3. 下列问题做了多少功（以 ft·lbf 为单位）和需要多少功率（以 ft·lbf/s 为单位并转换为英制马力）？答案保留一位小数．

（1）使用千斤顶，在 60 s 内将一架质量为 4000 lb 的飞机提升到 3 ft 的高度；

（2）使用千斤顶，在 2 min 内将一架质量为 6000 lb 的飞机提升到 4 ft 的高度；

（3）使用起重机，在 2 min 内将质量为 120000 lb 的飞机提升到 10 ft 的高度．

4.4 钣金件弯曲余量的计算

提出问题

弯曲余量计算公式

问题 1 如果我们弯曲一层厚度为 0.025 in 的金属板，内弯曲半径为 0.125 in，弯曲角为 30°，那么需要多长的金属来进行这个弯曲呢？

问题 2 如果我们弯曲一层厚度为 0.051 in 的金属板，内弯曲半径为 0.625 in，

弯曲角为 135°,那么需要多长的金属来进行这个弯曲呢?

🖊 知识储备

　　钣金件具有质量轻、易成型和成本低等特点,广泛应用于汽车外观件、电脑机箱等产品的生产加工.钣金折弯是指通过压力设备和特制模具,将金属材料的平面板料变为立体零件的加工过程,而折弯展开就是钣金折弯的逆推,通过计算钣金折弯前的状态,有利于采取合理的方法进行材料加工.

　　传统的钣金折弯件加工工艺比较粗放,没有精确的折弯展开算法,多是先近似展开并放样落料,预留大量加工余量后折弯,然后进行切割或剪切类加工去除余料,这种加工方式工艺流程复杂、效率低、浪费材料且加工质量不易保证.

　　现代的钣金折弯件加工工艺要求钣金折弯展开精确,折弯加工后无须后续切割或剪切类加工就可以成为理想的钣金折弯件,这就要求精确计算钣金折弯展开尺寸,并画出折弯展开图.本节拟通过 K 因子参数的设定,将不同情况下钣金件的折弯展开计算进行简化,提高展开效率和准确度,达到在设计阶段就可以对钣金件工艺性能进行全面考虑和处理的目的.

　　钣金件的使用者为保证最终折弯成型后零件所期望的尺寸,会利用各种不同的算法来计算展开状态下备料的实际长度.其中最常用的方法就是简单的"K 因子"法,即基于各自经验的算法.通常这些规则要考虑到材料的类型与厚度,折弯的半径和角度,机床的类型和步进速度等.

　　总结起来,如今被广泛采纳的较为流行的钣金折弯算法主要有两种:一种是基于折弯补偿的算法,另一种是基于折弯扣除的算法.为了更好地理解在钣金设计的计算过程中的一些基本概念,先了解以下三点:

　　(1)折弯补偿和折弯扣除两种算法的定义,它们各自与实际钣金几何体的对应关系;

　　(2)折弯扣除如何与折弯补偿相对应,采用折弯扣除算法的用户如何方便地将其数据转换到折弯补偿算法;

　　(3)K 因子的定义,实际中如何利用 K 因子,包括用于不同材料类型时 K 因子值的适用范围.

　　介绍折弯补偿法前必须先介绍弯曲余量.那么什么是弯曲余量?一个已成型的钣金折弯件有三个尺寸:两个轮廓尺寸和一个厚度尺寸,定义两个轮廓尺寸为

L_1 和 L_2，厚度尺寸为 T．我们都已知道，L_1+L_2 是要大于展开长度 L 的，它们的差值就是弯曲余量．目前较常规的计算方法是以截面中心层计算展开长度，认为中心层就是钣金长度始终不变的一个层，其长度就是钣金折弯展开的长度，它的位置刚好在板厚的一半处，对于一些要求精度不是太高的薄板大折弯角的零件，这种计算方法相对还是比较准确的．但对于厚板小折弯角的零件，由于其中心层长度并非钣金折弯展开的长度，以它的长度下料后再折弯时经常出现零件尺寸偏大的情况，本节采用 K 因子、折弯补偿和折弯扣除三种方法对该算法加以改进．

4.4.1 K 因子

K 因子是指钣金内侧边到中性层距离和钣金厚度的比值，板料在折弯过程中外层通常会受到拉应力而伸长，内层则受到压应力而缩短，在内层和外层之间有一个长度保持不变的纤维层，称为中性层．根据中性层的定义，折弯件的坯料长度应等于中性层的展开长度，由于折弯时坯料的体积保持不变，因此在变形较大时，中性层会发生内移，这也就是不能仅仅用截面中性层计算展开长度的原因．假如中性层位置以 p 表示（图 4.45），则可以表示为

$$p = r + Kt$$

式中，r 为零件的内弯曲半径（单位：mm）；t 为钣金厚度（单位：mm）；K 为中性层位移系数．

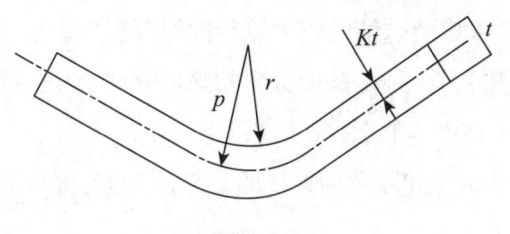

图 4.45

钣金折弯示意图如图 4.46 所示．按中性层展开的原理，坯料总长度应等于折弯件中性层直线部分和圆弧部分长度之和，即

$$L = L_1 + L_2 + \pi\alpha p/180° = L_1 + L_2 + \pi\alpha(r+Kt)/180°$$

图 4.46

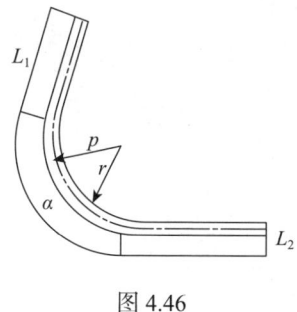

式中，L 为零件展开总长度（单位：mm）；α 为弯曲角（单位：°）；L_1 和 L_2 分别为零件弯曲部分起点和终点以外的直端长度（单位：mm）。

按照上面的公式，就能算出精确的折弯展开长度尺寸，可以看出，只要确定了参数 K，即可计算出 L，参数 K 则取决于钣金厚度 t 和内弯曲半径 r 的大小。它们之间存在对应关系，一般 r/t 分别为 0.1，0.25，0.5，1，2，3，4，5，该值大于等于 6 时，K 对应为 0.23，0.31，0.37，0.41，0.45，0.46，0.47，0.48，0.5，一般零件的加工，r/t 数值都在 1 附近，根据上述对应关系中 K 因子计算的钣金折弯展开长度还是很准确的。对于 $r/t \geq 6$ 的情况，钣金折弯时板料基本不会再发生变形，那么中性层也就等于中心层了，K 因子也相应地变成了 0.5，计算也相对容易很多，唯一影响的就是折弯过程中的回弹问题，这种繁琐的计算最适合计算机来完成，随后出现的各种三维软件如 AutoCAD、SolidWorks、NX、Pro/E、Catia 等也引入了钣金模块，而 K 因子就成为这些软件的首选参数，合理选择 K 因子大大降低了工艺设计过程中的工作量。

4.4.2 折弯补偿

折弯补偿算法是将零件的展开长度描述为零件每段直线长度和折弯区域展平的长度之和，展平的折弯区域的长度被称为折弯补偿值（δ），因此整个零件的长度计算公式为

$$L = D_1 + D_2 + \delta \tag{4.2}$$

式中，D_1，D_2 分别为圆弧以外的两段直线长度（单位：mm）；δ 为圆弧段展平后的长度（单位：mm）。

折弯补偿示意图如图 4.47 所示，即把折弯零件的直线段切下来平铺，然后将折弯区域展平接在平铺的直线段中，得到的长度就是展开长度。

（a）

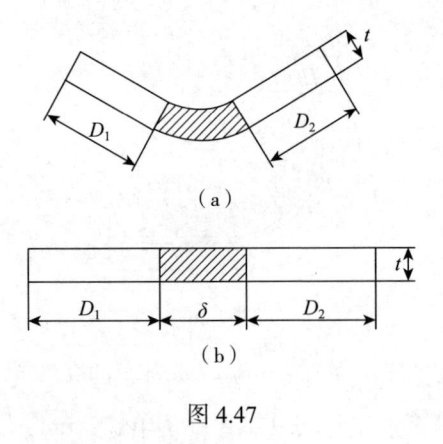

（b）

图 4.47

4.4.3 折弯扣除

折弯扣除通常是指回退量,和折弯补偿一样,也是一种用来描述钣金折弯展开的简单算法.折弯扣除法是指零件的展平长度等于理论上的两段平坦部分延伸至交点(两平坦部分的虚拟交点)的长度之和减去折弯扣除(ε),其示意图如图 4.48 所示.整个零件的长度计算公式为

$$L = L_1 + L_2 - \varepsilon \tag{4.3}$$

在折弯扣除中,ε 是个隐性值,不容易被直观地理解,但通过实际实验可以看出 $L_1 + L_2$ 永远会大于 L,只是根据具体情况 $L_1 + L_2$ 与 L 的差值不同而已.

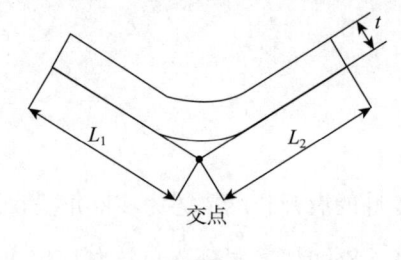

图 4.48

折弯补偿和折弯扣除实际上是同一性质的两种不同折弯展开方式,它们之间存在着一种换算关系.综合式(4.2)和式(4.3)可以演化出方程

$$D_1 + D_2 + \delta = L_1 + L_2 - \varepsilon \tag{4.4}$$

将折弯补偿和折弯扣除体现在同一张图上并在几何形状部分作几条辅助线,形成两个直角三角形,如图 4.49 所示.

图 4.49

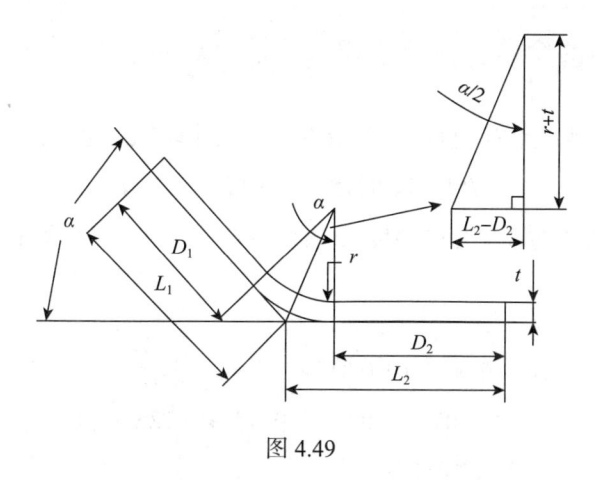

由图 4.49 可知,α 表示弯曲角,即零件在折弯过程中扫过的角度,r 表示内弯曲半径,t 表示钣金厚度.用一个直角三角形将 L_1,L_2,D_1,D_2 和 α,r,t 联系起来,得出图 4.49 右上角的三角形关系.根据直角三角形各尺寸及三角函数原理,很容易得到

$$\tan(\alpha/2)=(L_2-D_2)/(r+t)$$

经过变换可得

$$D_2 = L_2 - (r+t)\tan(\alpha/2) \tag{4.5}$$

$$D_1 = L_1 - (r+t)\tan(\alpha/2) \tag{4.6}$$

将式(4.5)和式(4.6)代入式(4.4)可得

$$L_1 + L_2 - 2(r+t)\tan(\alpha/2) + \delta = L_1 + L_2 - \varepsilon$$

化简后得到 δ 与 ε 之间的关系式:

$$\delta = 2(r+t)\tan(\alpha/2) - \varepsilon \tag{4.7}$$

当弯曲角为 90° 时,$\tan(90°/2)=1$,上式可化简为

$$\delta = 2(r+t) - \varepsilon \tag{4.8}$$

式(4.7)和式(4.8)为那些只熟悉一种算法的用户提供了非常方便的从一种算法转换到另一种算法的计算公式,而需要的参数只是钣金厚度、弯曲角及内弯曲半径等.

4.4.4 弯曲余量的计算公式

根据大量的实践经验,得出弯曲余量的近似计算公式为

$$BA = (0.0078\,t + 0.01745\,r) \times \alpha$$

式中,t 表示要弯曲的金属片的厚度;r 表示内弯曲半径;α 表示弯曲角.

问题解决

解 问题 1
$$BA = (0.0078\,t + 0.01745\,r) \times \alpha$$
$$= (0.0078 \times 0.025 + 0.01745 \times 0.125) \times 30$$
$$\approx 0.07129 \text{ in}$$

问题 2
$$BA = (0.0078\,t + 0.01745\,r) \times \alpha$$
$$= (0.0078 \times 0.051 + 0.01745 \times 0.625) \times 135$$
$$\approx 1.52605 \text{ in}$$

巩固练习

习题答案详解

习题 4.4

1. 如果我们弯曲一张厚度为 0.035 in 的金属板,内弯曲半径为 0.225 in,弯曲角为 45°,那么需要多长的金属来进行这个弯曲呢?

2. 如果我们弯曲一张厚度为 0.045 in 的金属板,内弯曲半径为 0.025 in,弯曲角为 60°,那么需要多长的金属来进行这个弯曲呢?

3. 如果我们弯曲一张厚度为 0.125 in 的金属板,内弯曲半径为 0.265 in,弯曲角为 30°,那么需要多长的金属来进行这个弯曲呢?

4. 如果我们弯曲一张厚度为 0.075 in 的金属板,内弯曲半径为 0.255 in,弯曲角为 120°,那么需要多长的金属来进行这个弯曲呢?

4.5 飞机的配重与平衡

载重术语的介绍

提出问题

问题 请根据下列数据计算波音 727 的重心:

（1）舱室 A = 1400 lb；

（2）舱室 C = 2300 lb；

（3）舱室 E = 1950 lb；

（4）1 名女飞行员，1 名男飞行员，1 名男飞行工程师；

（5）日期是 8 月 8 日．

知识储备

4.5.1 重心与重心的确定

重心是重力在物体上的作用点，也就是物体各部分所受重力的合力的作用点．

为什么要考虑物体的重心呢？当我们希望一个物体保持平衡时，就要用到重心的概念．例如，这里有一把尺子，为了把尺子支撑住，有一个办法就是把它放在桌子上．这时，桌子向尺子的各个部分都施加了支持力，但是尺子的重力也可以被看作只作用在重心上．我们可以把一个手指尖放在尺子重心的下面，这时，仅仅支在一个点上就能把尺子支撑起来．读者可以用手指尖按照上述办法使尺子保持平衡．我们可以用实验的方法来寻找尺子的重心．

首先，把尺子放在互相隔开的两个食指尖上．然后，慢慢地让两个手指靠拢，方法是先移动一个手指，再移动另一个手指．最后，这两个食指将在尺子的中点处靠在一块．于是，重心就是尺子的中点．对于那些非均匀物体，也可以用这种滑动手指的方法找到它们的重心．读者可以采用同样的方法，试着找出铅笔、钢笔和高尔夫球棒的重心．

1. 定义

重心是指物体各部分所受重力的合力的作用点．物体的每一个微小部分都受地心引力作用，这些引力可近似地看成相交于地心的汇交力系．由于物体的尺寸远小于地球半径，因此可近似地把作用在一般物体上的引力视为平行力系，物体的总重力就是这些引力的合力．

若物体的体积和形状都不变，则无论物体对地面处于什么方向，其所受重力总是通过固定在物体上的坐标系的一个确定点，即重心．重心不一定在物体上，例如圆环的重心就不在圆环上，而在它的对称中心上．

重心位置在工程上有重要意义．例如，起重机要正常工作，其重心位置应满足一定条件；舰船的浮升稳定性也与重心的位置有关；高速旋转机械的重心若不在轴线上，就会引起剧烈的振动；飞机的重心超过限制会危及飞行安全等．

2. 位置确定

对于质量均匀分布的物体（均匀物体），其重心的位置只跟物体的形状有关．其中有规则形状的物体的重心就在几何中心上，例如，均匀细直棒的重心在棒的中点，均匀球体的重心在球心，均匀圆柱的重心在轴线的中点．对于不规则物体的重心，可以用悬挂法来确定．

对于质量分布不均匀的物体，其重心的位置除跟物体的形状有关外，还跟物体内质量的分布有关．载重汽车的重心随着装货多少和装载位置而变化，起重机的重心随着提升物体的质量和高度而变化．

过重心的一条直线或切面把物体或图形分成两份，则两份的体积或面积不一定相等．不是所有过重心的直线或切面都平分物体或图形的面积或体积，例如过正三角形重心且平行于一条边的一条直线把三角形分成面积比为 4∶5 的两部分．关于这一点，可以用物理学的杠杆原理解释：分成的两块图形的重心分别到正三角形重心的距离相当于杠杆的两个力臂，而两图形的面积相当于杠杆的两个力．因为重心相当于两个图形的面积"集中"成的一点，此例中分割成的两个图形重心分别到正三角形重心的距离正好等于 5∶4．如有兴趣，可用尺规作图证明．

物体重心位置的数学确定方法如下．

在某物体（总质量为 M）所在空间任取一个确定的空间直角坐标系 $O-xyz$，则该物体可微元出 n 个质点，第 i 个质点对应坐标为 (x_i, y_i, z_i)，质量为 m_i．

已知 $M = m_1 + m_2 + \cdots + m_n$，设该物体重心为 $G(X, Y, Z)$，则

$$X = \frac{x_1 m_1 + x_2 m_2 + \cdots x_n m_n}{M}$$

$$Y = \frac{y_1 m_1 + y_2 m_2 + \cdots y_n m_n}{M}$$

$$Z = \frac{z_1 m_1 + z_2 m_2 + \cdots z_n m_n}{M}$$

3. 检测方法

（1）三角形重心．重心是三角形三边中线的交点（见图 4.50），三条中线交于一点可用燕尾定理证明．

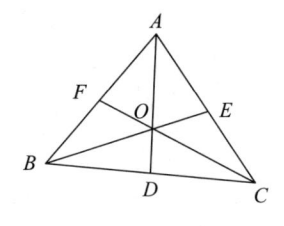

图 4.50

已知：$\triangle ABC$ 中，D 为 BC 中点，E 为 AC 中点，AD 与 BE 交于 O，CO 延长线交 AB 于 F．求证：F 为 AB 中点．

证 根据燕尾定理，$S(\triangle AOB)=S(\triangle AOC)$，又 $S(\triangle AOB)=S(\triangle BOC)$，所以 $S(\triangle AOC)=S(\triangle BOC)$，再应用燕尾定理即得 $AF=BF$，命题得证．

重心的性质如下：

1）重心到顶点的距离与重心到对边中点的距离之比为 2∶1；

2）重心和三角形 3 个顶点组成的 3 个三角形面积相等；

3）重心到三角形 3 个顶点距离的平方和最小；

4）在平面或空间直角坐标系中，重心的坐标是顶点坐标的算术平均，如在平面直角坐标系中，重心的坐标为 $\left(\dfrac{x_1+x_2+x_3}{3},\dfrac{y_1+y_2+y_3}{3}\right)$，在空间直角坐标系中，重心的坐标为 $\left(\dfrac{x_1+x_2+x_3}{3},\dfrac{y_1+y_2+y_3}{3},\dfrac{z_1+z_2+z_3}{3}\right)$；

5）重心是三角形内到三边距离之积最大的点；

6）（莱布尼茨公式）三角形 ABC 的重心为 G，点 P 为其内部任意一点，则

$$3PG^2=(AP^2+BP^2+CP^2)-\dfrac{1}{3}(AB^2+BC^2+CA^2)$$

7）在三角形 ABC 中，过重心 G 的直线交 AB，AC 所在直线分别于 P，Q，则

$$\dfrac{AB}{AP}+\dfrac{AC}{AQ}=3$$

8）从三角形 ABC 的三个顶点分别向以它们的对边为直径的圆作切线，所得的 6 个切点为 $P_i(i=1,2,\cdots,6)$，则 P_i 均在以重心 G 为圆心，以 $\dfrac{1}{18}(AB^2+BC^2+CA^2)$ 为半径的圆周上．

若用塞瓦定理证明，则极易证明三条中线交于一点，如图 4.51 所示．

图 4.51

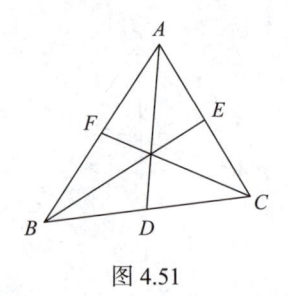

根据图 4.51，在 $\triangle ABC$ 中，AD、BE、CF 是中线，则 $AF = FB$，$BD = DC$，$CE = EA$．因为

$$(AF/FB) \cdot (BD/DC) \cdot (CE/EA) = 1$$

所以 AD、BE、CF 交于一点．即三角形的三条中线交于一点．

例 1 确定边长分别是 3，4，5 的三角形的重心．

解 此三角形三条边满足勾股定理，所以是直角三角形，如图 4.52 所示．

建立坐标系，则三角形三个顶点的坐标分别为

$$A(3,0), B(0,4), C(0,0)$$

于是三角形重心坐标为 $G\left(1, \dfrac{4}{3}\right)$．

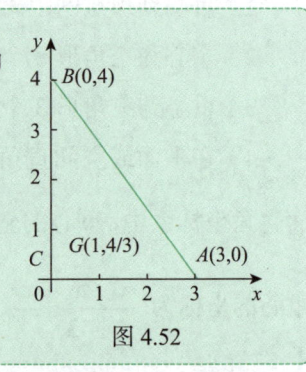

图 4.52

（2）其他图形重心．

注 下面的几何体都是均匀的，线段指细棒，平面图形指薄板．

三角形的重心就是三边中线的交点，线段的重心就是线段的中点．

平行四边形的重心就是其两条对角线的交点，也是两对对边中点连线的交点．

平行六面体的重心就是其四条对角线的交点，也是六对对棱中点连线的交点，也是四对对面重心连线的交点．

圆的重心就是圆心，球的重心就是球心．

锥体的重心是顶点与底面重心连线的四等分点上最接近底面的一个．

四面体的重心同时也是每个顶点与对面重心连线的交点，也是每条棱与对棱中点确定平面的交点．

下面是一些寻找形状不规则或质量不均匀物体重心的方法．

1）悬挂法．该方法只适用于薄板（不一定均匀）．找一根细绳，在物体上找一

点，用绳悬挂，划出物体静止后的重力线，同理再找一点悬挂，两条重力线的交点就是物体重心，如图 4.53 所示．

2）支撑法．该方法只适用于细棒（不一定均匀）．用一个支点支撑物体，不断变化位置，越稳定的位置，越接近重心．

一种可能的变通方式是用两个支点支撑，然后施加较小的力使两个支点靠近，因为离重心近的支点摩擦力会大，所以物体会随之移动，使另一个支点更接近重心，如此可以找到重心的近似位置．

3）针顶法．该方法同样只适用于薄板．用一根细针顶住板子的下面，当板子能够保持平衡时，针顶的位置接近重心．

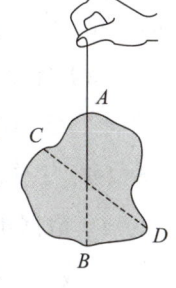

图 4.53

与支撑法同理，可用三根细针互相接近的方法，找到重心位置的范围，不过这就没有支撑法的变通方式那样方便了．

4）铅垂法（任意图形，质地均匀）．用绳子找到物体的一个端点悬挂，后用铅垂线挂在此端点上（描下来）．而后用同样的方法作另一条线，两线交点即其重心．

4.5.2 载重与平衡

飞机是在空中飞行的运输工具，要求具有非常高的可靠性、安全性以及良好的平衡状态．如果飞机重量和重心超过限制，就会危及飞行安全，例如造成飞机起飞时擦尾、结构损伤、颠覆和损伤跑道等．另外，合理安排重心位置能有效减小飞机飞行的阻力，减小油耗，这直接关系到航空公司运输效益．

1. 载重配平原理

飞机的载重配平计算，又称为配载，包括以下三层含义：

（1）装到飞机上的旅客、行李、邮件和货物的重量之和不得超过该飞机的最大可用业载，且飞机起飞重量、着陆重量、无油重量均不超过规定的最大重量．

（2）装到飞机上的旅客、行李、邮件和货物所产生的力矩之和，使飞机基本处于平衡状态，即保证飞机的重心在任意时刻不超出允许的范围．

（3）根据重量与重心位置，计算得到正确的升降舵配平值，供飞行员使用．

民航飞机的结构和机载设备沿着飞机纵轴左右对称，燃油的添加和消耗在操作规程和飞机设计方面保证机身两侧的机翼重量相等，乘客座位分派和货物摆放一般也能保证飞机平衡．

2. 一般规定

（1）准确地计算出每个航班的各项数据，保证航空器实际运行的重量不超过最大允许数值．

（2）合理安排货物、邮件的布局，保证航空器重心不超出规定的重心范围．

（3）工作时应按照先配运急货、邮件，然后运输一般货物的顺序进行配载．

（4）工作时应注意三个相符：数据相符、单据相符、装载相符．

1）数据相符：

- 载重平衡表、载重电报上的航空器各项数据与任务书相符；
- 载重平衡表、载重电报上的各项重量与舱单相符；
- 货物出仓单、装载通知单等工作单据上的重量与载重平衡表相符．

2）单据相符：装放在业务文件袋内的各种运输票据与载重平衡表相符．

3）装载相符：

- 各种货物、邮件的装卸件数、重量与载重平衡表相符；
- 航空器上的各个货物的实际装载重量与载重平衡表相符．

3. 载重

（1）与载重有关的术语．

1）基本重量（BASIC WEIGHT，简称 BW）：由空机重量、附加设备重量、标准空勤组及其所携带的物品用具设备、标准服务设备及供应品的重量和其他应计算在基本重量之内的重量累加而组成．

2）燃油重量（RAMP FUEL，简称 RF）：起飞油重量、滑行油重量的总和．

3）滑行油重量（TAXI FUEL）：航空器由开动至滑行结束时所需的燃油重量．

4）起飞油重量（TAKE-OFF FUEL，简称 TOF）：航空器执行任务所携带的航行耗油重量与备用油重量的合计数，不包括滑行油重量．

5）航行耗油重量（TRIP FUEL，简称 T/F）：航空器在整个飞行过程中所耗去的燃油重量．

6）备用油重量：国内航班按照航空器由目的地机场飞抵备降场上空的耗油，加上 45 min 额外飞行耗油的总和；国际航班为十分之一的航段耗油加上由目的地机场飞抵备降场上空的耗油再加上 30 min 的额外飞行耗油的总和．

7）业务载重量（PAYLOAD，简称 PLD）：航空器上所搭载的货物、邮件以及其他空运物品的重量总和．

8）无油重量（ZERO FUEL WEIGHT，简称 ZFW）：航空器在未携带燃油的情况下其商务载重量与机重的总和．有

$$ZFW = DOW + PLD$$

9）滑行重量（TAXI WEIGHT，简称 TW）：航空器在滑行阶段的重量．有

$$TW = ZFW + RF$$

10）起飞重量（TAKE-OFF WEIGHT，简称 TOW）：航空器在起飞瞬间的重量．有

$$TOW = ZFW + TOF$$

11）落地重量（LANDING WEIGHT，简称 LDW）：航空器在落地瞬间的重量．有

$$LDW = TOW - T/F$$

（2）航空器最大许可业载．航空器最大许可业载（Allow PLD，简称 APLD）是指航空器在飞行过程中所能载运的最大重量（不包括燃油重量）．

1）计算业载的必要性．航空器在飞行过程中同时受到地球的引力及由机翼产生的向上的升力的影响，前者的大小取决于航空器的重量，后者的大小则取决于机翼的外形及航空器速度等．由于航空器的机翼形状及发动机功率等都是相对固定的，因此航空器所能得到的向上的升力也是有限的，要保证飞行，必须对航空器的重量作出限制，而限制航空器的重量其实也是限制航空器的业载值，由此可见，业载的计算无疑是保障飞行安全的一个极为重要的步骤．因此，只有计算出每个航班的最大许可业载后，才能对其计划载运的货物、邮件等作出合理的安排．

2）航空器的三大全重．

a. 最大无油重量（MAXIMUM DESIGN ZFW，简称 MZFW）是指除燃油以外所允许的最大航空器重量限制．由于航空器的燃油主要位于承受升力的机翼油箱内，因而航空器飞行时燃油重量可以抵消一部分作用于机翼上的升力产生的应力．如果没有燃油或燃油过少，机翼结构所承受的载荷就会增大．因此，从结构强度上考虑，就规定了最大无油重量的限额．无油重量是由航空器基本重量和业务载重量所组成的，由于航空器的基本重量相对不变，因此确定了最大无油重量，也就对航空器的最大载重量起到了限制作用．

b. 最大起飞重量（MAXIMUM DESIGH TOW，简称 MTOW）是根据航空器的结构强度、发动机功率、刹车效能等因素确定的，是航空器在起飞线加大马力

起飞时全部重量的最大限额. 航空器的最大起飞重量主要受下列因素的影响：

- 场温、场压和机场标高；
- 风向、风速；
- 跑道长度；
- 起飞场地坡度、跑道结构及干湿程度；
- 机场周围净空条件；
- 航路上单发超越障碍物能力.

c. 最大落地重量（MAXIMUM LDW，简称 MLDW）是根据航空器的起落装置与机体结构所能承受的冲击载荷确定的航空器的着陆时的最大限额. 航空器的落地重量不仅受到航空器结构强度的限制，还要考虑到在一台发动机停车的情况下，落地复飞爬高能力的要求以及着陆场地长度的限制.

3）最大许可业载的计算方法.

a. 由最大无油重量（MZFW）来计算：

$$APLD = MZFW - DOW$$

b. 由最大起飞重量（MTOW）来计算：

$$APLD = MTOW - (DOW + TOF)$$

c. 由最大落地重量（MLDW）来计算：

$$APLD = MLDW + T/F - (DOW + TOF)$$

在上述结果中选出一个最小值，即为本次飞行的最大许可业载.

例2 某 B757-200 型飞机执行三亚到上海的飞行任务，起飞时间 08：15，到达时间 09：45，备降机场选在南京的禄口机场，上海到南京的飞行时间为 15 min，该飞机平均每小时耗油量 3200 kg，请计算飞机的起飞油重量.

解 航行时间为 09：45 — 08：15 = 1.5 h；航行耗油重量为 3200×1.5 = 4800 kg；备降飞行时间为 15 min；备用油重量为 3200×(15/60 + 45/60) = 3200 kg；起飞油重量为 4800 + 3200 = 8000 kg.

4. 平衡

（1）与平衡有关的术语.

1）航空器的重心. 航空器各部分都有重力，这些重力的着力点就称为航空器的重心.

2）平均空气动力弦．平均空气动力弦是假想的矩形机翼的翼弦，其面积、升力以及俯仰力矩特性都与原机翼相同．

3）航空器重心的表示．航空器重心表示的单位为 %MAC．

4）航空器重心的许可范围．每种机型的航空器对重心的前后移动都有一个限制范围，以确保飞行安全以及便利操纵、节省燃油，这个限制范围称为航空器重心的许可范围，航空器的重心不得超过其前后限制．

（2）重心超出重心范围对航空器的影响．

1）重心超出前限的影响：

- 在地面时，航空器的前起落架及支撑结构会受到损坏；
- 起飞时难以拉起机头；
- 落地时会损坏前起落架及支撑结构．

2）重心超出后限的影响：

- 在地面时可能会导致航空器翘头；
- 在地面时起落架会因超重而损坏；
- 起飞时由于不稳定而难以操纵；
- 由于航空器缺乏稳定性及可操控性，因此会增大飞行员的工作难度和工作量；
- 由于航空器缺乏稳定性及可操控性，因此在遇到涡流及强风等恶劣情况时会有失速的危险．

（3）改变航空器重心位置的主要因素．

1）货物、邮件等在货舱的装载位置及重量．

2）机组的座位及在飞机上的移动．

3）燃油数量和耗用情况．

4）起落架及襟翼的收放．

只有同时考虑上述四点，才能正确计算出航空器的实际重心位置．

例 3 已知某飞机执行航班任务，当日场温 25 ℃，风速 8 m/s，风向与起飞跑道方向夹角 120°，跑道长 3400 m．该机型规定：当跑道长度分别为 2000~2500 m、2500~3000 m、3000 m 以上时，正顶风速每增加 1m/s，最大起飞重量可以分别增加 200 kg、250 kg、300 kg．查飞机起飞全重表知，场温 25 ℃，正顶风速 0 m/s 时，飞机最大起飞重量为 42500 kg，请对该飞机规定的最大起飞重量进行修正．

> **解** 正顶风速为 $8 \times \cos(180° - 120°) = 4 \text{ m/s}$；最大起飞重量可增加：$300 \times 4 = 1200 \text{ kg}$；最大起飞重量：$42500 + 1200 = 43700 \text{ kg}$。

5. 载重平衡计算

（1）计算航空器载重的作用．

1) 明确机上的业载量和许可加油量；

2) 明确航空器的起飞及落地重量；

3) 明确起飞及降落时所需的滑跑长度；

4) 明确起飞速度；

5) 明确飞行高度；

6) 明确所需的引擎推力；

7) 明确落地速度．

（2）计算航空器重心的作用．

1) 明确无油重心位置；

2) 明确起飞重心位置；

3) 明确配平片的位置．

6. 用代数法确定飞机重心位置

代数法就是以重心到基准点的距离作为未知数 x，逐项计算力矩，最后计算重心位置的方法．

我们以波音 727 飞机为例，表 4.6 是波音 727 飞机出厂时的数据．

表 4.6 波音 727 的重心与平衡测量数据

重量点	力臂 /in	最大允许重量 /lb
飞行员的座位	109	—
飞机引擎	143	—
第一观察者座位	143	—
第二观察者座位	170	—
飞行库	156	—
仓壁	232	—
舱室 A	276	4000

续表

重量点	力臂 /in	最大允许重量 /lb
舱室 B	366	6260
舱室 C	455	6260
舱室 D	544	6260
舱室 E	632	6956
舱室 F	721	6956
舱室 G	811	10000
舱室 H	899	10000
舱室 I	987	6000
舱室 J	1077	6000
舱室 K	1165	6000
舱室 L	1255	4000

2016 年交付出厂的空机重量：94593.9 lb；

2016 年秋季交付出厂的空重心是：941.73 in；

最大有效载荷：60000 lb；

男性乘客和飞行员：夏季 200 lb，冬季 206 lb；

女性乘客和飞行员：夏季 165 lb，冬季 171 lb．

例 4 请根据表 4.7 提供的数据，计算波音 727 的新重心．

其中舱室 A 的重量为 2600 lb，舱室 D 的重量为 900 lb，舱室 F 的重量为 1800 lb，舱室 I 的重量为 3950 lb．飞机中有 1 名女飞行员、1 名男飞行员、1 名女飞行工程师，日期为 7 月 17 日．将答案精确到 0.1 in．

表 4.7　波音 727 重心计算报告机型：B727–200

项目	力臂 /in	重量 / lb	力矩(重量 × 力臂)/(in·lbf)
空载飞机	941.73	94593.90	89081913.45
机组人员（飞行员）	109		
飞行工程师	143		

续表

项目	力臂 /in	重量 /lb	力矩(重量 × 力臂)/(in·lbf)
第一个观察者	143		
第二个观察者	170		
飞行库	156		
舱室 A	276		
舱室 B	366		
舱室 C	455		
舱室 D	544		
舱室 E	632		
舱室 F	721		
舱室 G	811		
舱室 H	899		
舱室 I	987		
舱室 J	1077		
舱室 K	1165		
舱室 L	1255		
总计			

新的重心（保留一位小数）= $\dfrac{\text{净力矩}}{\text{净重量}}$ = _____ in.

解 根据题意，把各个数据填入表 4.7 中对应的位置，并计算力矩和重心，得到的新表见表 4.8.

表 4.8 填入数据并计算后的新表

项目	力臂 /in	重量 /lb	力矩(重量 × 力臂)/(in·lbf)
空载飞机	941.73	94593.90	89081913.45
机组人员（飞行员）	109	365	39785
飞行工程师	143	165	23595

续表

项目	力臂 /in	重量 /lb	力矩（重量 × 力臂）/(in·lbf)
第一个观察者	143	0	0
第二个观察者	170	0	0
飞行库	156	0	0
舱室 A	276	2600	717600
舱室 B	366	0	0
舱室 C	455	0	0
舱室 D	544	900	489600
舱室 E	632	0	0
舱室 F	721	1800	1297800
舱室 G	811	0	0
舱室 H	899	0	0
舱室 I	987	3950	3898650
舱室 J	1077	0	0
舱室 K	1165	0	0
舱室 L	1255	0	0
总计	—	104373.9	95548943.45

则新的重心 $= \dfrac{净力矩}{净重要} = \dfrac{95548943.45}{104373.9} = \underline{915.4}$ in．

解决问题

解 根据题目的已知条件，利用波音 727 的出厂数据，得解答结果，见表 4.9．

表 4.9 解答结果

项目	力臂 /in	重量 /lb	力矩（重量 × 力臂）/(in·lbf)
空载飞机	941.73	94593.90	89081913.45
机组人员（飞行员）	109	365	39785

续表

项目	力臂 /in	重量 /lb	力矩（重量 × 力臂）/(in·lbf)
飞行工程师	143	200	28600
第一个观察者	143	0	0
第二个观察者	170	0	0
飞行库	156	0	0
舱室 A	276	1400	386400
舱室 B	366	0	0
舱室 C	455	2300	1046500
舱室 D	544	0	0
舱室 E	632	1950	1232400
舱室 F	721	0	0
舱室 G	811	0	0
舱室 H	899	0	0
舱室 I	987	0	0
舱室 J	1077	0	0
舱室 K	1165	0	0
舱室 L	1255	0	0
总计		100808.9	91815598.45

则新的重心（英寸，保留一位小数）= $\dfrac{\text{净力矩}}{\text{净重量}}$ = 910.8 in.

巩固练习

习题 4.5

1. 某型飞机执行 A 城市到 B 城市的国际飞行任务，起飞时间 07∶30，到达时间 13∶30，备降机场选在 C 城市的机场，B 城市到 C 城市的飞行时间为 15 min，该飞机平均每小时耗油量 5000 kg，请计算飞机的起飞油重量．

2. 请根据以下数据，计算波音 727 的新重心（波音 727 的数据见表 4.7）．

舱室 L = 700 lb；舱室 K= 300 lb；舱室 B = 500 lb；2 名女飞行员，1 名男飞行工程师；日期是 2 月 17 日．

4.6　铆钉的直径与长度计算

铆钉的直径
与长度计算公式

📝 提出问题

问题 1　铆接 2 个金属板，一个 0.051 in 厚，另一个 0.025 in 厚，请计算适合铆接的铆钉的直径和长度．

问题 2　铆接 3 个金属板，一个 0.016 in 厚，一个 0.064 in 厚，第三个 0.051 in 厚，请计算适合铆接的铆钉的直径和长度．

📝 知识储备

4.6.1　铆接与铆接方式

铆接是一个机械专业词汇，是利用铆钉把两个以上的被铆件连接在一起的不可拆连接，称为铆钉连接，简称铆接．

定义：利用轴向力，将零件铆钉孔内钉杆镦粗并形成钉头，使多个零件相连接的方法称为铆接．

铆接的基本方式有以下三种．

（1）活动铆接：结合件可以相互转动，不是刚性连接，如剪刀、钳子．

（2）固定铆接：结合件不能相互活动，是刚性连接，如角尺、三环锁上的铭牌、桥梁建筑．

（3）密封铆接：铆缝严密，不漏气体、液体，是刚性连接．

4.6.2　铆钉的基本类型与尺寸

铆钉（图 4.54）是适用于不拆卸连接的紧固件．铆钉的种类非常多，常用的可分为实心、空心和半空心三种类型．

图 4.54

按照分类来说,实心铆钉多用于受剪切力的金属连接处;空心铆钉用于受剪切力不大处,常用来连接塑料、皮革、木料、帆布等非金属零件;半空心铆钉多用于金属薄板和其他非金属材料零件.下面介绍几种常用铆钉.

1. 平头铆钉

平头铆钉的画法如图 4.55 所示,其尺寸见表 4.10.

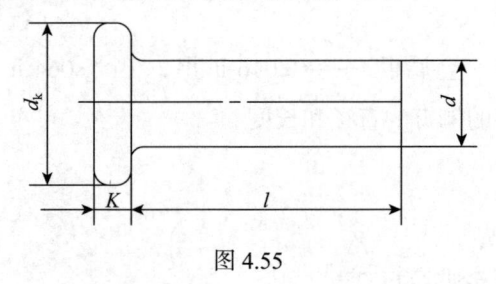

图 4.55

表 4.10 平头铆钉尺寸　　　　　　　　　　　　　　　单位:mm

公称直径 d			头部直径 d_k		头部高度 K		圆角半径 r (max)	公称长度 l 范围
公称	max	min	max	min	max	min		
2	2.06	1.94	4.24	3.76	1.2	0.8	0.1	4~8
2.5	2.56	2.44	5.24	4.76	1.4	1	0.1	5~10
3	3.06	2.94	6.24	5.76	1.6	2	0.1	6~14
(3.5)	2.58	3.42	7.29	6.71	1.8	1.4	0.3	6~18
4	4.08	3.92	8.29	7.71	2	1.6	0.3	8~22
5	5.08	4.92	10.29	9.71	2.2	1.8	0.3	10~26
6	6.08	5.92	12.35	11.65	2.6	2.2	0.3	12~30
8	8.1	7.9	16.35	15.65	3	2.6	0.5	16~30
10	10.1	9.9	20.42	19.58	3.44	2.96	0.5	20~30
公称长度 l			公称		4~6	7~10	11~18	19~30
			公差		±0.24	±0.29	±0.35	±0.42

选用原则：适用于一般的板材与板材的铆接.

2. 标牌铆钉

标牌铆钉的画法如图 4.56 所示，其尺寸见表 4.11.

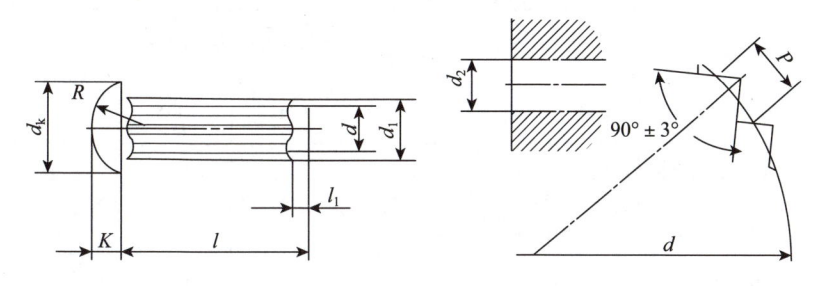

图 4.56

表 4.11　标牌铆钉尺寸　　　　　　　　　单位：mm

公称直径 d		(1.6)	2	2.5	3	4	5
头部直径 d_k	max	3.2	3.74	4.84	5.54	7.39	9.09
	min	2.8	3.26	4.36	5.06	6.81	8.51
头部高度 K	max	1.2	1.4	1.8	2.0	2.6	3.2
	min	0.8	1.0	1.4	1.6	2.2	2.8
外径 d_1 min		1.75	2.15	2.65	3.15	4.15	5.15
节距 $P \approx$		0.72	0.72	0.72	0.72	0.84	0.92
光杆长度 l_1		1	1	1	1	1.5	1.5
头部半径 $R \approx$		1.6	1.9	2.5	2.9	3.9	4.7
公称长度 l 范围		3~6	3~8	3~10	4~12	6~18	8~20
钻孔直径 d_2（推荐）	max	1.56	1.96	2.46	2.96	3.96	4.96
	min	1.5	1.9	2.4	2.9	3.9	4.9
公称长度 l	公称	3	4~6	8~10	12~18	20	
	公差	±0.2	±0.24	±0.29	±0.35	±0.42	

选用原则：适用于标牌与设备、机器、仪表、电器之间的固定.

3. 沉头铆钉

沉头铆钉的尺寸见表 4.12.

表 4.12 沉头铆钉的尺寸   单位：mm

公称直径 d			头部直径 d_k		头部高度 $K \approx$	平边厚度 b (max)	圆角半径 r (max)	公称长度 l 范围	
公称	max	min	max	min					
1	1.06	0.94	2.03	1.77	0.5	0.2	0.1	2 ~ 8	
(1.2)	1.26	1.14	2.23	1.97	0.5	0.2	0.1	2.5 ~ 8	
1.4	1.46	1.34	2.83	2.57	0.7	0.2	0.1	3 ~ 12	
(1.6)	1.66	1.54	3.03	2.77	0.7	0.2	0.1	3 ~ 12	
2	2.06	1.94	4.05	3.75	1	0.2	0.1	3.5 ~ 16	
2.5	2.56	2.44	4.75	4.45	1.1	0.2	0.1	5 ~ 18	
3	3.06	2.94	5.35	5.08	1.2	0.2	0.1	5 ~ 22	
(3.5)	3.58	3.42	6.28	5.92	1.4	0.4	0.3	6 ~ 24	
4	4.08	3.92	7.18	6.82	1.6	0.4	0.3	6 ~ 30	
5	5.08	4.92	8.98	8.62	2	0.4	0.3	6 ~ 50	
6	6.08	5.92	10.62	10.18	2.4	0.4	0.3	6 ~ 50	
8	8.1	7.9	14.22	13.78	3.2	0.4	0.3	12 ~ 60	
10	10.1	9.9	17.82	17.38	4	0.4	0.3	16 ~ 75	
12	12.12	11.88	18.86	18.34	6	0.5	0.4	18 ~ 75	
(14)	14.12	13.88	21.76	21.24	7	0.5	0.4	20 ~ 100	
16	16.12	15.88	24.96	24.44	8	0.5	0.4	24 ~ 100	
公称长度 l	公称	2 ~ 3	3.5 ~ 6	7 ~ 10	11 ~ 18	19 ~ 30	32 ~ 50	52 ~ 80	85 ~ 100
	公差	±0.2	±0.24	±0.29	±0.35	±0.42	±0.5	±0.6	±0.7

选用原则：适用于金属件之间，以及金属件与塑料件之间的连接．

4. 半空心铆钉

平锥头半空心铆钉、大扁圆头半空心铆钉、沉头半空心铆钉的画法分别如图 4.57（a）、（b）、（c）所示，它们的尺寸分别见表 4.13、表 4.14 和表 4.15.

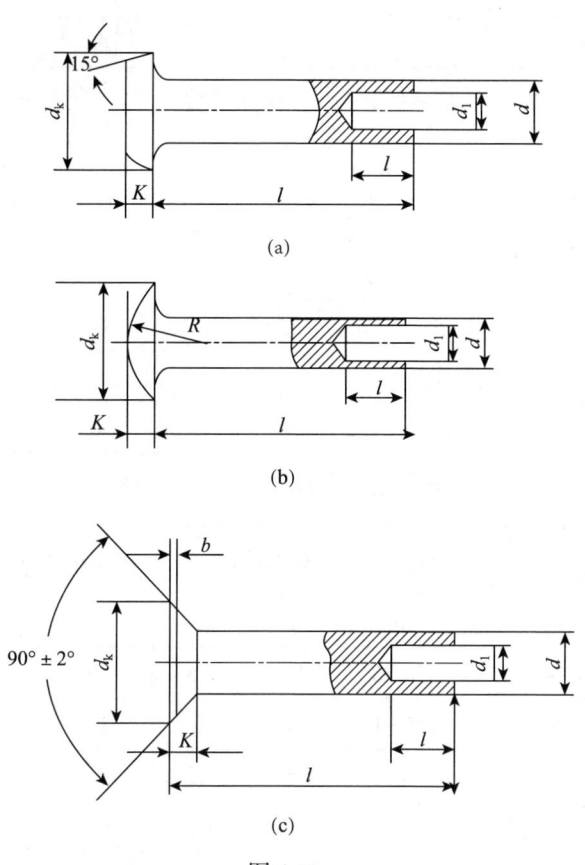

图 4.57

表 4.13　平锥头半空心铆钉尺寸　　　　　　单位：mm

公称直径 d			头部直径 d_k		头部高度 K		圆角半径		公称长度 l 范围
公称	max	min	max	min	max	min	r (max)	r_1 (max)	
1.4	1.46	1.34	2.7	2.3	0.9	0.7	0.1	0.7	3 ~ 8
(1.6)	1.66	1.54	3.2	2.8	0.9	0.7	0.1	0.7	3 ~ 10
2	2.06	1.94	3.84	3.36	1.2	0.8	0.1	0.7	4 ~ 14
2.5	2.56	2.44	4.74	4.26	1.5	1.1	0.1	0.7	5 ~ 16
3	3.06	2.94	5.64	5.16	1.7	1.3	0.1	0.7	6 ~ 18
(3.5)	3.58	3.42	6.59	6.01	2	1.6	0.3	1	8 ~ 20
4	4.08	3.92	7.49	6.91	2.2	1.8	0.3	1	8 ~ 24
5	5.08	4.92	9.29	8.71	2.7	2.3	0.3	1	10 ~ 40

公称直径 d		头部直径 d_k		头部高度 K		圆角半径		公称长度 l 范围
公称	max	min	max	min	max	min	r (max)	r_1 (max)	
6	6.08	5.92	11.15	10.45	3.2	2.8	0.3	1	12~40
8	8.1	7.9	14.75	14.05	4.24	3.76	0.3	1	14~50
10	10.1	9.9	18.35	17.65	5.24	4.76	0.3	1	18~50
公称长度 l	公称	3	4~6	7~10	12~18	20~30	32~50
	公差	±0.2	±0.24	±0.29	±0.35	±0.42	±0.5

表 4.14　大扁圆头半空心铆钉尺寸　　　　　　单位：mm

公称直径 d		头部直径 d_k		头部高度 K		圆角半径 $R \approx$	圆角半径 r (max)	公称长度 l 范围
公称	max	min	max	min	max	min			
2	2.06	1.94	5.04	4.56	1	0.8	3.6	0.4	4~14
2.5	2.56	2.44	6.49	5.91	1.4	1	4.7	0.1	5~16
3	3.06	2.94	7.49	6.91	1.6	1.2	5.4	0.1	6~18
(3.5)	3.58	3.42	8.79	8.21	1.9	1.5	6.3	0.3	8~20
4	4.08	3.92	9.89	9.31	2.1	1.7	7.3	0.3	8~24
5	5.08	4.92	12.45	11.75	2.6	2.2	9.1	0.3	10~40
6	6.08	5.92	14.85	14.15	3	2.6	10.9	0.3	12~40
8	8.1	7.9	19.92	19.08	4.14	3.66	14.5	0.3	14~40
公称长度 l	公称	4~6	7~10	12~18	20~30	32~40
	公差	±0.24	±0.29	±0.35	±0.42	±0.5

表 4.15　沉头半空心铆钉尺寸　　　　　　单位：mm

公称直径 d		头部直径 d_k		头部高度 $K \approx$	平边厚度 b (max)	圆角半径 r (max)	公称长度 l 范围
公称	max	min	max	min			
1.4	1.46	1.34	2.83	2.57	0.7	0.2	0.1	3~8
(1.6)	1.66	1.54	3.03	2.77	0.7	0.2	0.1	3~10
2	2.06	1.94	4.05	3.75	1	0.2	0.1	4~14

续表

公称直径 d			头部直径 d_k		头部高度 $K \approx$	平边厚度 b (max)	圆角半径 r (max)	公称长度 l 范围
公称	max	min	max	min				
2.5	2.56	2.44	4.75	4.45	1.1	0.2	0.1	5 ~ 16
3	3.06	2.94	5.35	5.05	1.2	0.2	0.1	6 ~ 18
(3.5)	3.58	3.42	6.28	5.92	1.4	0.4	0.3	8 ~ 20
4	4.08	3.92	7.18	6.82	1.6	0.4	0.3	8 ~ 24
5	5.08	4.92	8.98	8.62	2	0.4	0.3	10 ~ 40
6	6.08	5.92	10.62	10.18	2.4	0.4	0.3	12 ~ 40
8	8.1	7.9	14.22	13.78	3.2	0.4	0.3	14 ~ 50
10	10.1	9.9	17.82	17.38	4	0.3	0.3	18 ~ 50
公称长度 l		公称	3		4 ~ 6	7 ~ 10	12 ~ 18	20 ~ 30	32 ~ 50
		公差	±0.2		±0.24	±0.29	±0.35	±0.42	±0.5

选用原则：同空心铆钉的选用基本一致，金属薄板和非金属材料的零件铆接场合可以选用．

4.6.3 铆钉的直径和长度计算公式

在飞机维修中，通常我们会根据铆接的金属板的厚度来计算铆钉的直径和长度，从而选用不同的铆钉来进行铆接．计算公式如下：

铆钉直径 $d = 3 \times t_{max}$，其中 t_{max} 是铆接金属板中最厚的厚度；

铆钉长度 $L = 1.5 \times d + \sum_{i=1}^{n} t_i$，其中 $\sum_{i=1}^{n} t_i$ 表示需要铆接的金属板的总厚度．

🖊 解决问题

解 问题 1　$d = 3 \times t_{max} = 3 \times 0.051 = 0.153$ in

$L = 1.5 \times d + \sum_{i=1}^{n} t_i = 1.5 \times 0.153 + (0.051 + 0.025) = 0.3055$ in

问题 2　$d = 3 \times t_{max} = 3 \times 0.064 = 0.192$ in

$L = 1.5 \times d + \sum_{i=1}^{n} t_i = 1.5 \times 0.192 + (0.016 + 0.064 + 0.051) = 0.419$ in

巩固练习

习题 4.6

1. 铆接 2 个金属板，一个 0.016 in 厚，另一个 0.025 in 厚，请计算适合铆接的铆钉的直径和长度．

2. 铆接 2 个金属板，一个 0.032 in 厚，另一个 0.025 in 厚，请计算适合铆接的铆钉的直径和长度．

3. 铆接 3 个金属板，一个 0.020 in 厚，一个 0.040 in 厚，第三个 0.025 in 厚，请计算适合铆接的铆钉的直径和长度．

4. 铆接 3 个金属板，一个 0.015 in 厚，一个 0.035 in 厚，第三个 0.225 in 厚，请计算适合铆接的铆钉的直径和长度．

4.7 向量的概念与计算法则

提出问题

问题 1 已知某运动中电子 $M(x, y, z)$ 到原子中心 $O(0, 0, 0)$ 的距离为定值 1，求电子 $M(x, y, z)$ 的轨迹方程．

问题 2 设力 $\boldsymbol{F} = 2\boldsymbol{i} - 3\boldsymbol{j} + \boldsymbol{k}$，使一个质点沿直线从点 $M_1 = (0, 1, -1)$ 移动到点 $M_2 = (2, 1, -1)$，求力做的功．

知识储备

4.7.1 向量的概念

只有大小没有方向的量叫作标量，如长度、质量、面积、体积等；既有大小又有方向的量叫作向量，如位移、速度、加速度、力等．向量不能比较大小，大小是向量的代数特征，方向是几何特征，即向量具有代数与几何的双重特征．

注 （1）向量的模：向量 $\overrightarrow{AB}$ 的大小，也就是向量 $\overrightarrow{AB}$ 的长度，记作 $|\overrightarrow{AB}|$．

（2）零向量：长度为 0 的向量，记作 **0**，**0** 的方向是任意的．

（3）单位向量：长度等于1个单位的向量.

4.7.2 向量的表示法

（1）几何表示：用有向线段来表示，有向线段的长度表示向量的大小，箭头所指的方向表示向量的方向.

（2）字母表示：用加粗的单个小写字母表示．要注意手写体$\vec{a}$与印刷体$\boldsymbol{a}$的不同.

（3）相等向量和共线向量.

- 相等向量：长度相等且方向相同的向量叫作相等向量．若向量$\boldsymbol{a}$，$\boldsymbol{b}$相等，则记作$\boldsymbol{a}=\boldsymbol{b}$.

- 共线向量：方向相同或相反的非零向量叫作平行向量，也叫共线向量．若$\boldsymbol{a}$，$\boldsymbol{b}$平行，则记作$\boldsymbol{a}/\!/\boldsymbol{b}$．零向量与任一向量平行，即对任一向量$\boldsymbol{a}$，都有$\boldsymbol{0}/\!/\boldsymbol{a}$.

4.7.3 空间向量的坐标法

1. 空间直角坐标系

过空间一个定点，作三条相互垂直的数轴，它们都以O为原点且一般具有相同的单位长度，这三条数轴分别叫作x轴（横轴）、y轴（纵轴）和z轴（竖轴）．一般是将x轴和y轴放置在水平面上，那么z轴就垂直于水平面．它们的方向通常符合右手螺旋法则，即伸出右手，让四指与大拇指垂直，并使四指先指向x轴，然后让四指沿握拳方向旋转指向y轴，此时大拇指的方向即为z轴方向．这样就构成了空间直角坐标系，O称为坐标原点.

坐标面：在空间直角坐标系中，每两轴所确定的平面称为坐标平面，简称坐标面．即xOy坐标面、yOz坐标面和zOx坐标面，如图4.58所示.

点的坐标：设P为空间的任意一点，过点P作垂直于坐标面xOy的直线得垂足P'，过P'分别作与x轴、y轴垂直且相交的直线，过P作与z轴垂直且相交的直线，依次得x，y，z轴上的三个垂足M，N，R．设x，y，z分别是点M，N，R在数轴上的坐标．这样空间内任一点P就确定了唯一的一组有序的数组x，y，z，用(x,y,z)表示，如图4.59所示.

反之，任给出一组有序数组 x, y, z，也能唯一地确定空间内的一个点 P，而 x, y, z 恰恰是点 P 的坐标.

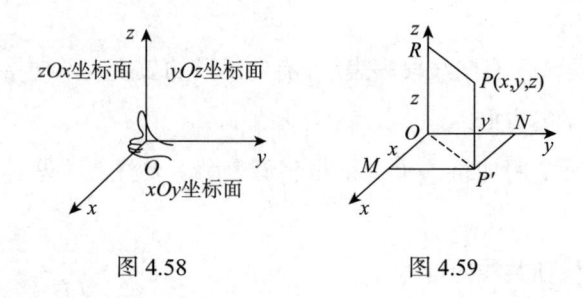

图 4.58

图 4.59

2. 空间向量的坐标表示

（1）向径及其坐标表示. 起点在坐标原点 O，终点为 M 的向量 $\overrightarrow{OM}$ 称为点 M 的向径，记为 $r(M)$ 或 $\overrightarrow{OM}$.

（2）基本单位向量. 在坐标轴上分别取与 x 轴、y 轴和 z 轴方向相同的单位向量称为基本单位向量，分别用 $\boldsymbol{i}, \boldsymbol{j}, \boldsymbol{k}$ 表示.

向径的坐标表示：若点 M 的坐标为 (x, y, z)，如图 4.60 所示，则由向量 $\overrightarrow{OA} = x\boldsymbol{i}, \overrightarrow{OB} = y\boldsymbol{j}, \overrightarrow{OC} = z\boldsymbol{k}$ 得 $\overrightarrow{OM} = x\boldsymbol{i} + y\boldsymbol{j} + z\boldsymbol{k}$，称其为点 $M(x, y, z)$ 的向径 $\overrightarrow{OM}$ 的坐标表达式，简记为 $\overrightarrow{OM} = (x, y, z)$.

（3）向量 $\overrightarrow{M_1M_2}$ 的坐标表达式. 设 $M_1(x_1, y_1, z_1), M_2(x_2, y_2, z_2)$ 为坐标系中两点，如图 4.61 所示，向径 $\overrightarrow{OM_1}, \overrightarrow{OM_2}$ 的坐标表达式为 $\overrightarrow{OM_1} = x_1\boldsymbol{i} + y_1\boldsymbol{j} + z_1\boldsymbol{k}$，$\overrightarrow{OM_2} = x_2\boldsymbol{i} + y_2\boldsymbol{j} + z_2\boldsymbol{k}$，则以 M_1 为起点，以 M_2 为终点的向量为

$$\overrightarrow{M_1M_2} = \overrightarrow{OM_2} - \overrightarrow{OM_1} = (x_2\boldsymbol{i} + y_2\boldsymbol{j} + z_2\boldsymbol{k}) - (x_1\boldsymbol{i} + y_1\boldsymbol{j} + z_1\boldsymbol{k})$$
$$= (x_2 - x_1)\boldsymbol{i} + (y_2 - y_1)\boldsymbol{j} + (z_2 - z_1)\boldsymbol{k}$$

即以 $M_1(x_1, y_1, z_1)$ 为起点，以 $M_2(x_2, y_2, z_2)$ 为终点的向量 $\overrightarrow{M_1M_2}$ 的坐标表达式为

$$\overrightarrow{M_1M_2} = (x_2 - x_1)\boldsymbol{i} + (y_2 - y_1)\boldsymbol{j} + (z_2 - z_1)\boldsymbol{k}$$

3. 向量 $\boldsymbol{a} = a_1\boldsymbol{i} + a_2\boldsymbol{j} + a_3\boldsymbol{k}$ 的模

对于任一向量 $\boldsymbol{a} = a_1\boldsymbol{i} + a_2\boldsymbol{j} + a_3\boldsymbol{k}$，都可将其视为以点 $M(a_1, a_2, a_3)$ 为终点的向径 $\overrightarrow{OM}$，$|\overrightarrow{OM}|^2 = |\overrightarrow{OA}|^2 + |\overrightarrow{OB}|^2 + |\overrightarrow{OC}|^2$，即 $|\boldsymbol{a}|^2 = a_1^2 + a_2^2 + a_3^2$，所以向量 $\boldsymbol{a} = a_1\boldsymbol{i} + a_2\boldsymbol{j} + a_3\boldsymbol{k}$ 的模为 $|\boldsymbol{a}|^2 = \sqrt{a_1^2 + a_2^2 + a_3^2}$.

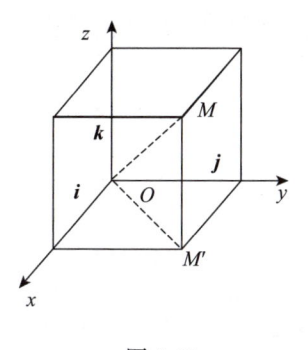

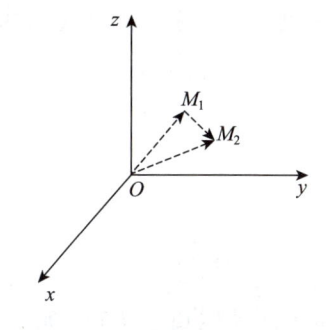

图 4.60

图 4.61

4. 空间两点间的距离公式

设点 $M_1(x_1, y_1, z_1)$ 与点 $M_2(x_2, y_2, z_2)$，且两点间的距离记作 $d(M_1M_2)$，则 $d(M_1M_2) = |\overrightarrow{M_1M_2}| = \sqrt{(x_2-x_1)^2 + (y_2-y_1)^2 + (z_2-z_1)^2}$.

例 1 （1）写出点 $A(1,2,1)$ 的向径；

（2）写出起点为 $A(1,2,1)$，终点为 $B(3,3,0)$ 的向量的坐标表达式；

（3）计算 A，B 两点间的距离．

解 （1）$\overrightarrow{OA} = \boldsymbol{i} + 2\boldsymbol{j} + \boldsymbol{k}$；

（2）$\overrightarrow{AB} = (3-1)\boldsymbol{i} + (3-2)\boldsymbol{j} + (0-1)\boldsymbol{k} = 2\boldsymbol{i} + \boldsymbol{j} - \boldsymbol{k}$；

（3）$d(AB) = |\overrightarrow{AB}| = \sqrt{2^2 + 1^2 + (-1)^2} = \sqrt{6}$．

例 2 已知 $\boldsymbol{a} = 2\boldsymbol{i} - \boldsymbol{j} + m\boldsymbol{k}$，且 $|\boldsymbol{a}| = 3$，求 $\boldsymbol{a}$．

解 由 $|\boldsymbol{a}| = 3$，得 $\sqrt{2^2 + (-1)^2 + m^2} = 3$，所以 $m = \pm 2$．

故所求的向量为 $\boldsymbol{a} = 2\boldsymbol{i} - \boldsymbol{j} + 2\boldsymbol{k}$ 或 $\boldsymbol{a} = 2\boldsymbol{i} - \boldsymbol{j} - 2\boldsymbol{k}$．

4.7.4 向量的线性运算

1. 向量的加法

（1）向量的加法：求两个向量和的运算，叫作向量的加法．

（2）向量加法的平行四边形法则：如图 4.62 所示，已知两个不共线的向量 $\boldsymbol{a}$ 和 $\boldsymbol{b}$，作 $\overrightarrow{OA} = \boldsymbol{a}$，$\overrightarrow{OB} = \boldsymbol{b}$，则 O，A，B 三点不共线，以 $\overrightarrow{OA}$，$\overrightarrow{OB}$ 为邻边作平行四边形

$OACB$,则对角线上的向量 $\overrightarrow{OC} = \overrightarrow{OA} + \overrightarrow{OB}$,这称为向量加法的平行四边形法则.

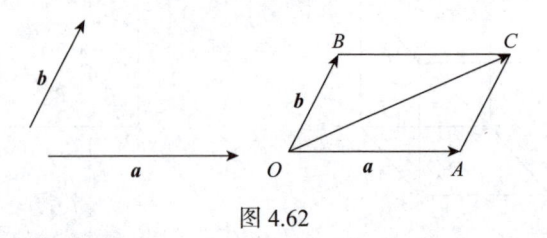

图 4.62

(3)向量加法的三角形法则:如图 4.63 所示,已知向量 a,b,在平面上任取一点 A,作 $\overrightarrow{AB} = a$,$\overrightarrow{BC} = b$,则向量 $\overrightarrow{AC}$ 叫作 a 与 b 的和,记作 $a + b$,即 $a + b = \overrightarrow{AB} + \overrightarrow{BC} = \overrightarrow{AC}$,此种求两个向量和的作图法则叫作向量加法的三角形法则.

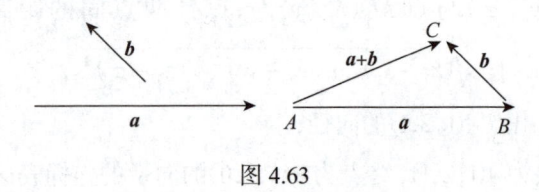

图 4.63

注 若 n 个向量顺次首尾相接,则由起始向量的起点指向末向量的终点的向量就是它们的和,即 $\overrightarrow{A_1A_{n+1}} = \overrightarrow{A_1A_2} + \overrightarrow{A_2A_3} + \overrightarrow{A_3A_4} + \cdots + \overrightarrow{A_{n-1}A_n} + \overrightarrow{A_nA_{n+1}}$,多边形法则如图 4.64 所示.

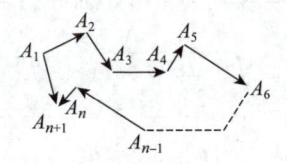

图 4.64

(4)向量加法的运算律.交换律:$a + b = b + a$;结合律:$(a + b) + c = a + (b + c)$.

注 (1)当 a,b 至少有一个为零向量时,交换律和结合律仍成立;

(2)当 a,b 共线时,交换律和结合律也成立.

2. 向量的减法

(1)相反向量.我们把与向量 a 长度相等、方向相反的向量,叫作 a 的相反向量,记作 $-a$.

(2)向量减法的定义.向量 a 加上向量 b 的相反向量,叫作 a 与 b 的差,即 $a - b = a + (-b)$,求两个向量差的运算,叫作向量的减法,向量的减法实质上也是向量的加法.

3. 向量的数乘运算

一般地,我们规定实数 λ 与向量 a 的积是一个向量,这种运算叫作向量的数乘,记作 λa. 它的长度和方向规定如下:

(1) $|\lambda a|=|\lambda||a|$;

(2) $\lambda>0$ 时,λa 的方向与 a 的方向相同;$\lambda<0$ 时,λa 与 a 的方向相反;$\lambda=0$ 时,$\lambda a=0$.

例 3 化简 $\dfrac{1}{12}\times[2\times(2a+8b)-4\times(4a-2b)]$.

解 $\dfrac{1}{12}\times[2\times(2a+8b)-4\times(4a-2b)]=\dfrac{1}{12}\times(4a+16b-16a+8b)$

$\qquad\qquad\qquad\qquad\qquad\qquad\quad=\dfrac{1}{12}\times(24b-12a)$

$\qquad\qquad\qquad\qquad\qquad\qquad\quad=2b-a$

4. 坐标表达式下的向量运算

(1) 平面向量. 设 $a=a_1i+a_2j$,$b=b_1i+b_2j$,则有 $a\pm b=(a_1\pm b_1)i+(a_2\pm b_2)j$.

(2) 空间向量. 设 $a=a_1i+a_2j+a_3k$,$b=b_1i+b_2j+b_3k$,则有:

1) $a+b=(a_1+b_1)i+(a_2+b_2)j+(a_3+b_3)k$;

2) $\lambda a=\lambda a_1i+\lambda a_2j+\lambda a_3k$;

3) $a-b=(a_1-b_1)i+(a_2-b_2)j+(a_3-b_3)k$;

4) $a=b\Leftrightarrow a_1=b_1$,$a_2=b_2$,$a_3=b_3$;

5) $a/\!/b\Leftrightarrow\dfrac{a_1}{b_1}=\dfrac{a_2}{b_2}=\dfrac{a_3}{b_3}$.

例 4 已知向量 $a=(1,-1,0)$,$b=(1,2,-1)$,$c=(1,1,1)$,求:

(1) $a+b-c$;

(2) $3a-2b$;

(3) 与 $3a-2b$ 方向相同的单位向量.

解 (1) $a+b-c=(1,-1,0)+(1,2,-1)-(1,1,1)=(1,0,-2)$;

(2) $3a-2b=3\times(1,-1,0)-2\times(1,2,-1)=(1,-7,2)$;

（3）$3a-2b$ 的模为 $|3a-2b|=\sqrt{x^2+y^2+z^2}=\sqrt{1^2+(-7)^2+2^2}=3\sqrt{6}$，则与其方向相同的单位向量为 $\dfrac{1}{3\sqrt{6}}(1,-7,2)=\left(\dfrac{1}{3\sqrt{6}},\dfrac{-7}{3\sqrt{6}},\dfrac{2}{3\sqrt{6}}\right)$.

例 5 设向量 $a=mi+4j-3k$，$b=-2j+nk$，问 m,n 为何值时，向量 $a=mi+4j-3k$ 和 $b=-2j+nk$ 平行.

解 由向量 $a\parallel b$ 的充要条件，得 $\dfrac{0}{m}=\dfrac{-2}{4}=\dfrac{n}{-3}$，所以

$$m=0,\ n=\dfrac{3}{2}$$

4.7.5 向量的数量积运算

1. 平面向量数量积的物理背景

物理中的功是一个与力及这个力作用下的物体产生的位移有关的量，并且这个量是一个标量，即如果一个物体在力 F 的作用下产生位移 s，那么力 F 所做的功 $W=F\cdot s=|F|\cdot|s|\cdot\cos\theta$，其中 θ 为力 F 与位移 s 之间的夹角. 而力与位移都是向量，这说明两个向量也可以进行运算.

2. 平面向量数量积的概念

（1）数量积的概念. 已知两个非零向量 a，b，我们把 $|a||b|\cos\theta$ 叫作向量 a 与 b 的数量积（或点积），记作 $a\cdot b$，即 $a\cdot b=|a||b|\cos\theta$，其中 θ 是 a 与 b 的夹角.

我们规定，零向量与任一向量的数量积为 0.

（2）数量积的坐标表示. 设 $a=a_1i+a_2j+a_3k$，$b=b_1i+b_2j+b_3k$，则

$$a\cdot b=(a_1i+a_2j+a_3k)\cdot(b_1i+b_2j+b_3k)=a_1b_1+a_2b_2+a_3b_3$$

故向量 $a=(a_1,a_2,a_3)$ 与 $b=(b_1,b_2,b_3)$ 的数量积等于其相应坐标积的和.

由向量的数量积知向量夹角余弦公式为

$$\cos\theta=\dfrac{a\cdot b}{|a||b|}=\dfrac{a_1b_1+a_2b_2+a_3b_3}{\sqrt{a_1^2+a_2^2+a_3^2}\sqrt{b_1^2+b_2^2+b_3^2}}\quad(0\leqslant\theta\leqslant\pi)$$

向量垂直的条件：向量 a 与 b 正交的充分必要条件是

$$a\cdot b=0 \text{ 或 } a_1b_1+a_2b_2+a_3b_3=0$$

例 6 试证向量 $a=(1, 2, 3)$ 与 $b=(3, 3, -3)$ 是正交的.

证 因为 $a \cdot b = 1\times 3 + 2\times 3 + 3\times(-3) = 0$，所以 a 与 b 正交.

例 7 已知向量 $a=(1, 0, -2)$, $b=(-3, \sqrt{10}, 1)$，求：

（1）$a \cdot b$；

（2）a 与 b 的夹角 θ.

解 （1）$a \cdot b = 1\times(-3) + 0\times\sqrt{10} - 2\times 1 = -5$；

（2）$|a|=\sqrt{1^2+0^2+(-2)^2}=\sqrt{5}$, $|b|=\sqrt{(-3)^2+\sqrt{10}^2+1^2}=2\sqrt{5}$, 则

$$\cos\theta = \frac{a\cdot b}{|a||b|} = \frac{-5}{\sqrt{5}\times 2\sqrt{5}} = -\frac{1}{2}$$

所以 $\theta = \frac{2\pi}{3}$.

解决问题

解 **问题 1** 因为向径 $|\overrightarrow{MO}|=1$，所以根据向径的模长公式得

$$|\overrightarrow{MO}|=\sqrt{a_1^2+a_2^2+a_3^2}=\sqrt{x^2+y^2+z^2}=1$$

化简得轨迹方程：$x^2+y^2+z^2=1$.

问题 2 位移向量 $\overrightarrow{M_1M_2}=(2, 1, -1)-(0, 1, -1)=(2, 0, 0)$，则力 $F=2i-3j+k$ 做的功为 $W=F\cdot\overrightarrow{M_1M_2}=2\times 2-3\times 0+1\times 0=4$ J.

巩固练习

习题 4.7

1. 如图 4.65 所示，在矩形 $ABCD$ 中，求：

（1）$\overrightarrow{AB}+\overrightarrow{BO}+\overrightarrow{OC}$；

（2）$\overrightarrow{AB}-\overrightarrow{OB}$.

图 4.65

2. 求 $\frac{1}{5}\times[4\times(2a+4b)-3\times(a+2b)]$ 所代表的向量.

3. 试确定数 m, n，使向量 $a=-2i+3j+nk$, $b=mi-6j+2k$ 平行.

4. 已知向量 $a = (3, -1, -2)$，$b = (1, 2, -1)$，求：

（1） $a \cdot b$；

（2） $\cos(\widehat{a, b})$；

（3） $(2a - b) \cdot (a + 2b)$．

5. 设力 $F = 2i + j + 3k$，其使一个质点沿直线从点 $M_1 = (0, 1, -1)$ 移动到点 $M_2 = (3, 1, -1)$，求力做的功．

4.8 概率的基本概念

提出问题

问题 请说出下列随机事件之间的关系：

（1）$A = \{$击中飞机$\}$，$B = \{$击落飞机$\}$；

（2）$A = \{$命中 10 环$\}$，$B = \{$命中 8 环以上$\}$；

（3）$A = \{$至少命中 2 发$\}$，$B = \{$最多命中一发$\}$．

知识储备

在此之前，所学习并应用的数学方法都有这样的共同特点，只要给定足够的条件，就可以推导出正确的结论，或计算出确切的数值，例如，汽车从某处出发，沿一定的方向以一定的速度行驶，经过 t 时间后，汽车所处的位置就可以用数学公式计算出来．然而，实际问题并非如此简单，汽车在行驶过程中，可能会遇到红灯，可能会遇到行人横穿马路，可能会遇到某部件突发故障等，这些事先无法预测的情况都会影响汽车行驶的速度和方向．因此，汽车行驶 t 时间后所处的确切位置也就无法计算出来，这种事先无法准确预知的现象称为随机现象，概率统计就是研究随机现象内在规律的数学学科．

4.8.1 排列与组合

1. 加法原则

从北京到上海的方法有两类：第一类为坐火车，若北京到上海有早、中、晚三班火车，分别记作火$_1$、火$_2$、火$_3$，则坐火车的方法有 3 种；第二类为坐飞机，若北京到上海的飞机有早、晚两班飞机,分别记作飞$_1$、飞$_2$.问北京到上海的交通方法共有多少种.

易知从北京到上海的交通方法共有火$_1$、火$_2$、火$_3$、飞$_1$、飞$_2$共5种.它是由第一类的3种方法与第二类的2种方法相加而成的.

一般地,有下面的加法原则:

办一件事,有 m 类办法,其中:

第一类办法中有 n_1 种方法;

第二类办法中有 n_2 种方法;

……

第 m 类办法中有 n_m 种方法;

则办这件事共有 $n_1+n_2+\cdots+n_m$ 种方法.

2. 乘法原则

从北京经天津到上海,需分两步到达:

第一步,从北京到天津,且从北京到天津的汽车有早、中、晚三班,记作汽$_1$、汽$_2$、汽$_3$;

第二步,从天津到上海,且从天津到上海的飞机有早、晚两班,记作飞$_1$、飞$_2$.问从北京经天津到上海的交通方法有多少种?

易知从北京经天津到上海的交通方法共有:汽$_1$飞$_1$、汽$_1$飞$_2$、汽$_2$飞$_1$、汽$_2$飞$_2$、汽$_3$飞$_1$、汽$_3$飞$_2$共6种,它是由第一步的3种方法与第二步的2种方法相乘,即 $3\times2=6$ 得到的.

一般地,有下面的乘法原则:

办一件事,需分 m 步进行,其中:

第一步的方法有 n_1 种;

第二步的方法有 n_2 种;

……

第 m 步的方法有 n_m 种;

则办这件事共有 $n_1\times n_2\times\cdots\times n_m$ 种方法.

3. 排列(数)

从 n 个不同的元素中,任取其中 m 个排成与顺序有关的一排元素的方法数叫作排列数,记作 P_n^m 或 A_n^m.

排列数 A_n^m 的计算公式为

$$A_n^m = n(n-1)(n-2)\cdots(n-m+1)$$

例如：$A_{10}^3 = 10 \times 9 \times 8 = 720$，$A_8^2 = 8 \times 7 = 56$.

4. 组合（数）

从 n 个不同的元素中任取 m 个组成与顺序无关的一组元素的方法数叫作组合数，记作 C_n^m 或 $\begin{pmatrix} n \\ m \end{pmatrix}$.

组合数 C_n^m 的计算公式为

$$C_n^m = \frac{n(n-1)(n-2)\cdots(n-m+1)}{1 \times 2 \times 3 \times \cdots \times m}$$

例如：$C_5^3 = \frac{5 \times 4 \times 3}{1 \times 2 \times 3} = 10$，$C_{10}^2 = \frac{10 \times 9}{1 \times 2} = 45$.

组合数有下列性质：

(1) $C_n^m = C_n^{n-m}$；

(2) $C_n^1 = n$；

(3) $C_n^0 = 1$.

例如：$C_{100}^{98} = C_{100}^{100-98} = C_{100}^2 = \frac{100 \times 99}{1 \times 2} = 4950$.

例1 袋中有 8 个球，从中任取 3 个球，求取法有多少种？

> **解** 任取 3 个球与所取 3 个球顺序无关，故方法数为组合数，则取法有
>
> $$C_8^3 = \frac{8 \times 7 \times 6}{1 \times 2 \times 3} = 56 \text{ 种}$$

例2 袋中有 5 件不同正品，3 件不同次品。从中任取 3 件，求所取 3 件中有 2 件正品、1 件次品的取法有多少种？

> **解** 第一步，在 5 件正品中取 2 件，取法有
>
> $$C_5^2 = \frac{5 \times 4}{1 \times 2} = 10 \text{ 种}$$
>
> 第二步，在 3 件次品中取 1 件，取法有
>
> $$C_3^1 = 3 \text{ 种}$$
>
> 由乘法原则，得取法共有 $10 \times 3 = 30$ 种．

4.8.2 随机现象的描述

1. 概率统计问题举例

（1）生日问题．在大学的第一个生日应该是非常浪漫的，你惊喜地发现同班同学小王和你同一天过生日．于是你会将这份"意外的惊喜"写信告诉父母并大发感慨："我们班一共就 40 个同学，我们俩的生日竟在同一天，这真如小说中写的：'这个世界真小'……"如果你父亲是位数学教师，他的回信一定会令你大为惊讶："其实 40 人的班，有人在同一天过生日并不奇怪，如果全班同学的生日都不相同，这才是少见的情况．"接下来你一定想知道班里有人同一天过生日这件事发生的可能性究竟有多大吧？

（2）赶乘火车问题．老张要赶乘下午 2 点钟的火车出差，从他家到火车站有两条路：一条是通过交通拥挤的城区，需 15～45 min；另一条是从车少人稀的市郊绕行，需 30～40 min．现在请你为老张作出选择，若离开车还有 40 min，应该走哪条路？若离开车还有 30 min，应该走哪条路？想想如何以充足的理由让老张相信你的选择是正确的．

（3）检验产品问题．电子元件厂的每批产品在出厂前都要进行质量抽检，检验方法是这样的，逐一从一批产品中随机抽取一件进行检验，一旦查出次品，就认为这批产品不合格，如果检验了 n 件产品仍未查出次品，就认为这批产品合格，如果每检验一件产品需花费 a 元，那么为了确认一批产品是否合格，需花费多少检验费？这是财务部门必须考虑的问题，为了节约开支，同时要有一定把握保证出厂产品的次品率 $p \leqslant 1\%$，n 取多大才合适呢？

（4）广告效果问题．某电脑公司准备推出一种新的家用电脑，制作了 3 种不同创意和形式的广告．为了测定广告促销效果，公司决定进行一次随机化的科学实验．他们随机地将 120 位有购买电脑意向的潜在买主分成 3 组，每组 40 人，给每组分别播放不同的电脑广告，然后让每位顾客为自己购买该公司电脑的可能性打分，最低分为 1 分，表示"根本不可能购买"；最高分为 7 分，表示"极有可能购买"，结果表明，3 组购买该公司电脑可能性的平均得分分别如下：

1）广告 A：5.5 分；

2）广告 B：5.8 分；

3）广告 C：5.2 分．

现在的问题是,这3种广告的效果有显著差异吗？

2. 随机事件与随机变量

看了上面的4个问题,会发现它们有以下的共同特点:

（1）事先不能断定某个结果是否发生；

（2）可以预先知道所有可能的结果；

（3）试验过程可以在相同的条件下重复进行.

例如,在生日问题中,调查一个班级学生的生日之前,无法知道班里是否有人同一天过生日,但你当然知道,班里或者没有人在同一天过生日,或者有2人同一天过生日,或者有3人同一天过生日……或者全班人都在同一天过生日.你调查了这个班还可以调查下一个班,即这种调查可以大量重复地进行.

人们通常把对随机现象的观察或科学实验统称为**随机试验**或**试验**. 试验应符合以下条件:

（1）试验可以在相同的条件下重复进行；

（2）每次试验的可能结果不止一个,且各种结果在试验之前都是明确的；

（3）在具体的一次试验之前不能确定哪一个结果会出现.

随机试验的任何一个结果都是一个**随机事件**.

例如,**抛硬币问题**中抛一枚硬币,观察出现正、反面的情况；**掷骰子问题**中掷一颗骰子,观察出现点数的情况. 这两个例子都符合上述3个条件,所以都是随机试验.

再比如,在前面的4个问题中,一个班级有人同一天过生日是一个随机事件；老张能赶乘上火车是一个随机事件,老张误了火车也是一个随机事件；检验一批产品花 $3a$ 元（查3件就查到了次品）是一个随机事件,花 na 元（前 $n-1$ 次均未查出次品）也是一个随机事件；等等.

随机试验的每一个可能的基本结果,称为试验的一个**基本事件**. 由试验的所有基本事件组成的集合,称为试验的**样本空间**,用符号 Ω 表示.

例如,在抛硬币的问题中, Ω = { 正面向上, 反面向上 }. 在掷骰子的问题中, Ω = {1,2,3,4,5,6}.

显然,随机事件可以是一个基本事件,也可以由几个基本事件组成. 例如,在掷骰子的问题中,记 D = { 出现的点数为偶数 },则 D = {2,4,6} 由3个基本事件组成.

从集合的角度看,随机事件是样本空间这个集合的某个子集.

在每次试验中,必然发生的事件称为必然事件,记作 Ω,一定不发生的事件称为不可能事件,记作 $\varnothing$. 例如,检验产品问题中,$\{0 < X \leqslant na\}$ 是必然事件,$\{X = 0\}$ 是不可能事件. 显然,必然事件和不可能事件都属于确定性现象,但为研究方便,我们把它看作特殊的随机事件.

你一定感觉到了,这样用语言和文字来叙述一个试验下所有可能的随机事件非常烦琐,也不准确,解决这个问题的最好办法就是对随机事件进行量化描述.

再比如,用一个变量 X 表示掷一颗骰子所出现的点数,那么 $\{X = 6\}$ 就表示"掷出 6 点"这一事件;$\{X \leqslant 3\}$ 就表示"掷出的点数不超过 3"这一事件;$\{X = 1, 3, 5\}$ 就表示"掷出的点数是奇数"这一事件.

▷ 定义 如果对一个随机试验下的每个随机事件,都可用一个变量 X 取若干确定的值与之对应,那么称这个变量 X 为**随机变量**.

在对前面提到的 4 个问题进行说明.

(1) 生日问题. 记 X 为一个班级内同一天过生日的人数的最大值,那么 $\{X = 1\}$ 就表示没有两个人在同一天过生日,$\{X > 1\}$ 就表示至少有两个人的生日在同一天;$\{X = 4\}$ 表示最多有 4 个人同一天过生日. 如果仅仅关心这个班是否有人在同一天过生日,那么可以这样设置随机变量. X 的取值有两种可能:0 或 1. 则 $\{X = 1\}$ 表示至少有两个人在同一天过生日,$\{X = 0\}$ 表示各人的生日都不相同.

(2) 赶乘火车问题. 设随机变量 X 为老张从家里赶到火车站所花的时间,那么 $\{X = 30\}$ 表示老张用 30 min 从家里赶到了火车站,如果老张在开车前 30 min 出发,$\{X \leqslant 30\}$ 表示他能乘上火车;如果离开车只有 20 min 出发,$\{X > 20\}$ 就表示他误了这次火车.

(3) 检验产品问题. 设随机变量 X 为对一批产品抽检的产品件数,那么 $\{X = 2\}$ 表示第二次就查出了次品($2 < n$),$\{X < n\}$ 表示检验结果为这批产品不合格,同时,检验这批产品所花的费用 $Y = aX$ 也是一个随机变量.

(4) 广告效果问题. 对于电脑公司来说,每位顾客在看广告后为自己的购买可能性打多少分是随机的,可能打 5 分,也可能打 3 分,于是设每位顾客所打的分数都是一个随机变量,并将这 120 个随机变量记为

1) A 组:$X_1, X_2, \cdots, X_{40}$;

2) B 组:$Y_1, Y_2, \cdots, Y_{40}$;

3) C组：$Z_1, Z_2, \cdots, Z_{40}$.

然后，分别计算各组的平均分：

$$\overline{X} = \frac{1}{40}\sum_{i=1}^{40}X_i, \quad \overline{Y} = \frac{1}{40}\sum_{i=1}^{40}Y_i, \quad \overline{Z} = \frac{1}{40}\sum_{i=1}^{40}Z_i$$

这样 $\{\overline{X} = 5.5, \overline{Y} = 5.8, \overline{Z} = 5.2\}$ 就表示前面所提到的测试结果，如此设置了随机变量后，还可以用它们来描述更丰富的随机事件．比如，$\{\overline{X} > \overline{Y}\}$ 表示 A 组的平均分比 B 组的平均分高，$\{\max\limits_{1 \leq i \leq 40} X_i < 7\}$ 表示 A 组没有人打 7 分，$\{\min\limits_{1 \leq i \leq 40} Z_i \geq 3\}$ 表示 C 组的分数都不低于 3 分．

从上述的例子可以看到，一个随机变量取不同的值就可以表示不同的随机事件，不仅如此，若干个随机变量还可以进行量的运算来表示更复杂的随机事件．因此随机变量是对随机事件进行数学描述的最有效方法，它是大家研究概率统计问题的基本功，必须熟练掌握．

有一些随机现象与数量有关，用随机变量来描述比较容易，例如产品的合格数，测量误差大小，电子元件的使用时间等．但另外也存在一些似乎与数量无关的随机现象，例如抛一枚硬币出现的是正面还是反面，这次考试是否会不及格，一台机床是否发生故障等，这时该怎样用随机变量来描述随机现象呢？

例如，抛一枚硬币，观察它出现正面或反面，我们只要规定：变量"$X = 1$"表示"出现正面"，"$X = 0$"表示"出现反面"，这样就使试验的每一个结果与一个数量相对应，从而可以用随机变量描述随机现象．

3. 事件的关系与运算

研究一个随机事件，常常需要同时涉及许多事件．我们先来看看事件之间的各种关系及运算．

前面已经指出，任一随机事件都是样本空间的一个子集，因而事件之间的关系及运算与集合之间的关系与运算是相类似的．

（1）包含关系．若事件 A 发生，导致事件 B 必然发生，则称事件 B 包含事件 A，记作 $A \subset B$.

例如，在掷一颗骰子的实验中研究出现的点数，记 $A = \{1, 3, 5\}$，$B = \{1, 2, 3, 4, 5\}$，显然 $A \subset B$.

包含关系可用图 4.66 直观表示．

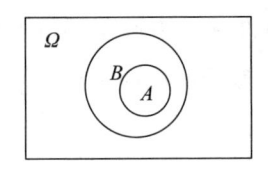

图 4.66

（2）相等关系．若 $A \subset B$ 且 $B \subset A$，则称事件 A 与事件 B 相等，记作 $A = B$．

（3）事件的和．事件 A 与事件 B 中至少有一个发生的事件，称为事件 A 与事件 B 的和（也称并），记作 $A \cup B$，如图 4.67 所示．

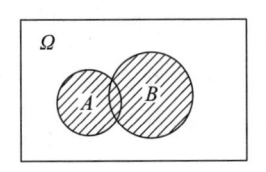

图 4.67

在 10 件产品中，有 8 件正品，2 件次品，从中任意取出 2 件，记 $A_1 = \{$恰好有 1 件次品$\}$，$A_2 = \{$恰好有 2 件次品$\}$，$B = \{$至少有 1 件次品$\}$，则有 $B = A_1 \cup A_2$．

类似地，"n 个事件 $A_1, A_2, \cdots, A_n$ 至少有一个事件发生"的事件叫作事件 $A_1, A_2, \cdots, A_n$ 的和，记作 $\bigcup_{i=1}^{n} A_i = A_1 \cup A_2 \cup \cdots \cup A_n$．

（4）事件的积．事件 A 与事件 B 同时发生的事件，称为事件 A 与事件 B 的积（也称交），记作 $A \cap B$ 或 AB，如图 4.68 所示．

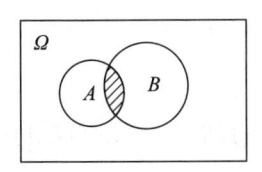

图 4.68

在掷一颗骰子的实验中，研究出现的点数，设 $A = \{1, 2, 3\}$，$B = \{2, 4, 6\}$，则 $AB = \{2\}$．

类似地，"n 个事件 $A_1, A_2, \cdots, A_n$ 同时发生"的事件叫作事件 $A_1, A_2, \cdots, A_n$ 的积，记作 $\bigcap_{i=1}^{n} A_i = A_1 \cap A_2 \cap \cdots \cap A_n$．

（5）互不相容事件．若事件 A 与事件 B 不可能同时发生，即 $A \cap B = \varnothing$，则称事件 A 与 B 是互不相容事件（或互斥事件），如图 4.69 所示．

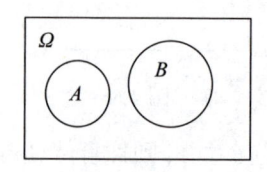

图 4.69

在掷一颗骰子的实验中，研究出现的点数，记 $A = \{1, 3, 5\}$，$B = \{2, 4, 6\}$，则 $A \cap B = \varnothing$，A 与 B 是互不相容事件．

（6）逆事件．若事件 A 与事件 B 必有一个发生又不可能同时发生，即 $A \cap B = \varnothing$，$A \cup B = \Omega$，则称事件 A 与事件 B 是互逆的（或对立的）．称事件 A 与事件 B 互为逆事件（或对立事件），记作 $B = \overline{A}$，$A = \overline{B}$，如图 4.70 所示．

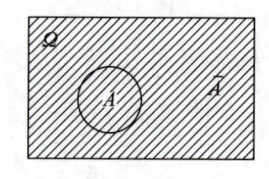

图 4.70

（7）事件的运算规律．事件的运算满足以下规律：

1）交换律：
$$A \cup B = B \cup A, \quad A \cap B = B \cap A$$

2）结合律：
$$(A \cup B) \cup C = A \cup (B \cup C), \quad (A \cap B) \cap C = A \cap (B \cap C)$$

3）分配率：
$$(A \cup B) \cap C = (A \cap C) \cup (B \cap C), \quad (A \cap B) \cup C = (A \cup C) \cap (B \cup C)$$

4）德·摩根律：
$$\overline{A \cup B} = \overline{A} \cap \overline{B}, \quad \overline{A \cap B} = \overline{A} \cup \overline{B}$$

分配律和德·摩根律还可以推广至任意有限个事件或可列无穷多个事件．

4. 复杂事件的表示

我们在讨论实际问题时，往往需要考虑试验结果中各种可能的事件，而这些事件相互之间有着各种关系. 我们先研究简单事件之间的关系与运算, 再进一步研究这些事件的概率及其关系, 就可以利用简单事件的概率研究复杂事件的概率. 为此, 我们先要熟练掌握用简单事件的和、积、逆等运算表示复杂事件. 对具体的问题要进行具体分析.

例 3 设 A, B, C 表示三个随机事件, 试用 A, B, C 表示下列事件:

(1) A, B 都发生, 但 C 不发生;

(2) A, B, C 都发生;

(3) A, B, C 中恰有两个事件发生;

(4) A, B, C 中至少有两个事件发生;

(5) A, B, C 中最多有一个事件发生.

解 (1) "A, B 都发生, 但 C 不发生"表示为 $AB\overline{C}$;

(2) "A, B, C 都发生"表示为 ABC;

(3) "A, B, C 中恰有两个事件发生"表示为 $AB\overline{C} \cup A\overline{B}C \cup \overline{A}BC$;

(4) "A, B, C 中至少有两个事件发生"表示为 $AB\overline{C} \cup A\overline{B}C \cup \overline{A}BC \cup ABC$ 或表示为 $AB \cup BC \cup AC$;

(5) "A, B, C 中最多有一个事件发生"表示为 $\overline{AB \cup BC \cup AC}$ 或 $\overline{A}\overline{B} \cup \overline{B}\overline{C} \cup \overline{A}\overline{C}$.

例 4 在射击比赛中, 某选手连续向目标射击三次, 若令 $A_i =$ "第 i 次射击命中目标" ($i = 1, 2, 3$), 试用这三个事件 A_1, A_2, A_3 表示下面的事件:

(1) $B =$ "三次都命中目标";

(2) $C =$ "至少两次命中目标";

(3) $D =$ "至少有一次未命中目标".

解 (1) $B = A_1 A_2 A_3$;

(2) $C = A_1 A_2 A_3 \cup \overline{A}_1 A_2 A_3 \cup A_1 \overline{A}_2 A_3 \cup A_1 A_2 \overline{A}_3$ 或 $C = A_1 A_2 \cup A_2 A_3 \cup A_1 A_3$;

(3) $D = \overline{A}_1 A_2 A_3 \cup A_1 \overline{A}_2 A_3 \cup A_1 A_2 \overline{A}_3 \cup \overline{A}_1 \overline{A}_2 A_3 \cup \overline{A}_1 A_2 \overline{A}_3 \cup A_1 \overline{A}_2 \overline{A}_3 \cup \overline{A}_1 \overline{A}_2 \overline{A}_3$,

D 还可以表示为 $D = \overline{B} = \overline{A_1 A_2 A_3}$ 或 $D = \overline{A}_1 \cup \overline{A}_2 \cup \overline{A}_3$.

🖊 解决问题

解 （1）因为若击落飞机发生了，则一定有击中飞机发生，所以 $B \subset A$；

（2）$A \subset B$；

（3）$A = \bar{B}$.

🖊 巩固练习

习题 4.8

1. 从 0,1,2 三个数字中每次取一个，取后放回，连续取两次.

（1）求该随机试验中基本事件的个数，并列出所有基本事件；

（2）{第一次取出的数字是 0} 这一事件由哪几个基本事件组成？

（3）{第二次取出的数字是 1} 这一事件由哪几个基本事件组成？

（4）{至少有一个数字是 2} 这一事件由哪几个基本事件组成？

2. 一批电子产品有正品也有次品，从中抽取 3 个，设 $A =$ { 抽出的第一件是正品 }，$B =$ { 抽出的第二件是正品 }，$C =$ { 抽出的第三件是正品 }. 试用 A, B, C 表示下列事件：

（1）{ 只有第 1 件是正品 }；

（2）{ 第 1、2 件是正品，第 3 件是次品 }；

（3）{3 件都是正品 }；

（4）{ 至少有 1 件为正品 }；

（5）{ 至少有 2 件为正品 }；

（6）{ 恰有 1 件为正品 }；

（7）{ 恰有 2 件为正品 }；

（8）{3 件都不是正品 }；

（9）{ 正品不多于 2 件 }.

4.9 随机事件的概率

提出问题

问题1 （生日问题）如果一个班有40名学生，试求至少有两名学生的生日在同一天的概率．

问题2 有一批飞机零件，其中9件正品、3件次品，任取5件，求：

（1）其中至少有1件次品的概率；

（2）其中至少有2件次品的概率．

知识储备

4.9.1 概率的定义及性质

在科学地描述了随机事件以后，人们自然更迫切地想要探索随机事件发生的规律，也就是常说的可能性，下面就是一些关于可能性的叙述．

（1）都别争了，让大家抛硬币来决定吧，这样谁都有50%的机会．

（2）据不完全统计，今年春运的旅客中有30%是出门旅游的．

（3）掷一对骰子，其点数之和为5有两种情况：1和4，2和3．点数之和为9也有两种情况：3和6，4和5．所以掷出5点和掷出9点的可能性是一样的．

（4）明天降雨的概率是85%．

在上述叙述中，采取了两种方法：一种是利用等可能性来计算某个事件的可能性，它被称为古典概率，如第（1）条和第（3）条．另一种是通过已有的统计资料估计某个事件的可能性，它被称为统计概率，如第（2）条和第（4）条．无论是哪种方法，它们都有下面共同的特性：

任何事件的可能性都是0到1之间的一个实数，而且，必然事件的可能性为1，或者说百分之百；反之，不可能事件的可能性为0．

另外，在第（3）条叙述中，我们用了这样的思路：由于每种情况出现的可能性一样，即1和4，2和3，3和6，4和5这4种情况出现的可能性均为p，而掷出5点和掷出9点各为两种情况之和，所以其可能性都是$2p$．也就是说，若干个互不相容的事件之和的可能性，应该是每一个事件的可能性之和，其他3条叙述也都有这样的性质.提取这些共性，就形成了概率的数学定义.

📢 **定义1** 对一个随机试验下的每一个随机事件A，都给一个确定的实数$P(A)$与之对应，并且满足：

（1）非负性：$P(A) \geq 0$；

（2）规范性：$P(\Omega) = 1$；

（3）可加性：若$A_1, A_2, \cdots, A_n, \cdots$两两互不相容，则有

$$P\left(\bigcup_{i=1}^{\infty} A_i\right) = \sum_{i=1}^{\infty} P(A_i)$$

那么称$P(A)$为随机事件A发生的概率.

由概率定义中的三条性质：非负性、规范性和可加性，可以推导出一些大家在日常生活中常用到的概率性质.

性质1 $P(\emptyset) = 0$.

性质2 若$A_1, A_2, \cdots, A_n$两两互不相容，则

$$P\left(\bigcup_{i=1}^{n} A_i\right) = \sum_{i=1}^{n} P(A_i)$$

注 性质2与定义中可加性的区别在于：前者是有限项的和；后者是无穷项的和，而且由定义中可加性成立可以推出性质2成立，反之则不然.

性质3 $P(A) = 1 - P(\bar{A})$.

性质4 $P(A \cup B) = P(A) + P(B) - P(A \cap B)$.

性质4中的公式称为概率的加法公式，注意，它是在一般情况下计算和事件的概率，如果A与B互不相容，这个公式就成了性质2（$n=2$的情形）.

例1 若已知某种珍奇动物的寿命在10年以上的概率为0.8，寿命在15年以下的概率也是0.8.试求这种动物的寿命在10~15年之间的概率.

解 设随机变量X为这种动物的寿命（单位：年），题设条件为

$$P\{X > 10\} = 0.8, \quad P\{X < 15\} = 0.8$$

所求概率为

$$P\{10 < X < 15\} = P(\{X > 10\} \cap \{X < 10\})$$

由加法公式（取A为$\{X > 10\}$，B为$\{X < 15\}$）得

$$P(\{X>10\} \cup \{X<15\}) = P\{X>10\} + P\{X<15\} - P(\{X>10\} \cap \{X<15\})$$
$$= 0.8 + 0.8 - P\{10 < X < 15\}$$

又 $P(\{X>10\} \cup \{X<15\}) = P(\Omega) = 1$，故

$$P\{10 < X < 15\} = 1.6 - 1 = 0.6$$

图 4.71 以例 1 为背景，展示了加法公式的几何意义：并集 $A \cup B$ 的长度等于 A 和 B 的长度之和减去 $A \cap B$ 的公共长度，因为这部分长度算了两次，即作为 A 中的部分计算了一次，作为 B 中的部分又计算了一次.

性质 5 $P(B) = P(A \cap B) + P(\overline{A} \cap B)$.

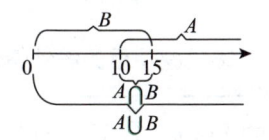

图 4.71

由性质 5 给出了一个计算概率的思路：首先将一个事件进行分解，得

$$B = (A \cap B) \cup (\overline{A} \cap B)$$

然后，由于 $A \cap B$ 与 $\overline{A} \cap B$ 互不相容，利用性质 2 就得到这个计算公式. 其一般形式为

$$P(B) = \sum_{i=1}^{n} P(A_i \cap B)$$

式中，$A_1, A_2, \cdots, A_n$ 两两互不相容，且 $\bigcup_{i=1}^{n} A_i = \Omega$.

例 2 设一台机器运转状态正常时，生产产品的次品率为 0.05；状态不正常时次品率为 0.1，且这台机器处于正常状态的概率为 0.9，问该机器生产产品的次品率是多少？

解 记 $A = \{$机器状态正常$\}$，$B = \{$生产出次品$\}$，则题设条件为

$$P(A) = 0.9, \quad P(AB) = 0.9 \times 0.05 = 0.045$$

$$P(\overline{A}) = 0.1, \quad P(\overline{A}B) = 0.1 \times 0.1 = 0.01$$

由性质 5，得所求概率为

$$P(B) = P(AB) + P(\overline{A}B) = 0.045 + 0.01 = 0.055$$

即次品率是 5.5%.

4.9.2 频率与直方图

用数字表现大量重复试验中随机现象的统计规律性时,需要用到频率的概念.

定义2 设随机事件 A 在 n 次试验中出现了 n_A 次,则比值 n_A/n 称为随机事件 A 的频率,记为 $f_n(A)$,即

$$f_n(A)=\frac{n_A}{n}$$

实践证明:在大量重复试验中,随机事件的频率会稳定在一个确定值的附近,这个确定值就是事件 A 的概率,即 n 充分大时,有

$$f_n(A)\approx P(A)$$

例如,一些统计学家进行过抛硬币的试验,得到表 4.16 所示的结果.

表 4.16 抛硬币的统计情况

试验者	抛硬币的次数 n	正面朝上次数 n_A	频率 $f_n(A)$
Buffon	4040	2048	0.5069
Fisher	10000	4979	0.4979
Pearson	12000	6019	0.5016
Pearson	24000	12012	0.5005

这表明,当无法由试验机制(比如等可能性)获得概率的精确值时,通过大量试验计算频率,并以此作为概率的近似值,是一个不错的方法,下面就用这种方法来近似随机变量取不同值的概率.

例3 为考察某地区 110 kV 电网在某一天内电压的波动情况,在这一天内记录了 100 个电压数据(单位:kV),试描述这些数据的分布情况.

```
104.6  105.1  105.6  106.2  106.7  106.9  107.5  107.7
108.1  108.2  108.2  108.4  108.3  108.6  108.7  108.8
108.9  109.0  109.1  109.1  109.3  109.4  109.2  109.5
109.6  109.7  109.8  109.9  109.8  110.0  110.1  110.2
110.5  110.6  110.8  110.9  111.0  111.1  111.3  111.4
111.6  111.7  111.8  111.9  112.1  112.4  112.6  112.8
111.2  111.2  111.1  111.0  110.8  110.8  110.5  110.0
```

110.5	110.4	110.3	110.2	110.2	110.0	109.9	109.8
109.7	109.7	109.7	109.6	109.3	109.1	109.0	108.9
108.8	108.8	108.7	108.7	108.6	108.6	108.5	108.1
108.0	107.9	107.8	107.8	107.6	107.3	107.2	107.0
106.8	106.7	106.2	105.6	111.1	111.2	111.6	111.8
111.9	112.7	113.6	114.5				

解 按下述步骤画出一个图形，直观表现这些电压值的分布情况．

（1）取一个能包含所有数据的区间，注意到这100个数据中，最小的是104.6，最大的是114.5，故取此区间为 [104.55, 114.55]．

（2）将上面区间分成若干个小区间．这里将整个区间等分成10个小区间，为避免数据落在分点上，一般取分点的小数比原始数据多一位．

（3）计算原始数据落入每个小区间的个数（此数称为频数）n_i，并计算相应的频率 $f_i = \dfrac{n_i}{n}$，见表4.17．

（4）在 x 轴上画出10个柱状矩形，如图4.72所示，宽为每个小区间的长度 Δx_i，高为 $h = f_i / \Delta x_i$（除以 Δx_i 是为了使这些矩形面积之和等于1）．

表4.17 电压数据的频率

组号 i	组界 / kV	频数 n_i	频率 $f_i = \dfrac{n_i}{n}$
1	104.55 ~ 105.55	2	0.02
2	105.55 ~ 106.55	4	0.04
3	106.55 ~ 107.55	8	0.08
4	107.55 ~ 108.55	13	0.13
5	108.55 ~ 109.55	21	0.21
6	109.55 ~ 110.55	23	0.23
7	110.55 ~ 111.55	15	0.15
8	111.55 ~ 112.55	9	0.09
9	112.55 ~ 113.55	3	0.03
10	113.55 ~ 114.55	2	0.02
Σ		100	1

按上述方法画出的图称为直方图,如图 4.72 所示,它直观地表现了数据分布的稀疏稠密状况.注意到前面所讲的频率的稳定性,直方图中每个矩形的面积就是随机变量 X 在相应区间取值概率的近似值,即矩形较高说明 X 在该区间取值的概率较大,矩形较矮说明 X 在该区间取值的概率较小,这样直方图也就表现了一个随机变量取不同值的概率大小的分布情况.

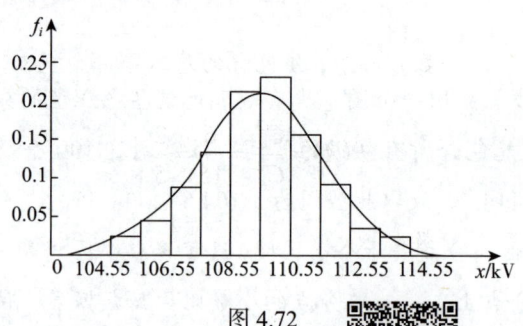

图 4.72

4.9.3 概率的古典定义

对于某些随机事件,不必通过大量试验去确定它的概率,而是通过研究它的内在规律去确定它的概率.

观察"抛硬币""掷骰子"等试验,发现:

(1)试验结果的个数是有限的,即基本事件的个数是有限的,如"掷一颗骰子"的结果只有 6 个;

(2)每个试验结果出现的可能性相同,即每个基本事件发生的可能性是相同的.

凡是具有以上特点的随机试验称为古典概型.

定义 3 在古典概型中,设试验的所有基本事件的个数是 n,事件 A 包含的基本事件的个数是 m,则事件 A 的概率为 $P(A)=\dfrac{m}{n}$.

概率的这种定义称为古典定义.

例 4 从 0,1,2,$\cdots$,9 十个数字中任取一个数字,求取得奇数的概率.

解 设事件 $A=\{$取得奇数$\}$,基本事件的总个数 $n=10$,则 A 包含的基本事件个数 $m=5$,因此,所求的概率是 $P(A)=\dfrac{5}{10}=0.5$.

例 5 一袋中有 4 个白球和 2 个黑球,有以下取球方法:

(1) 从中任取 2 个;

(2) 有放回地抽取 2 次,每次任取 1 个.

求取得 2 个都是白球的概率.

> **解** 设 $A=\{2\text{ 个都是白球}\}$.
>
> (1) 基本事件总个数 $n=C_6^2$,A 包含的基本事件个数 $m=C_4^2$,则
> $$P(A)=\frac{C_4^2}{C_6^2}=\frac{6}{15}=\frac{2}{5}$$
>
> (2) 基本事件总个数 $n=C_6^1 C_6^1$,A 包含的基本事件个数 $m=C_4^1 C_4^1$,则
> $$P(A)=\frac{C_4^1 C_4^1}{C_6^1 C_6^1}=\frac{4\times 4}{6\times 6}=\frac{4}{9}$$

例 6 从 13 张红桃扑克牌中有放回地抽取 3 次,每次任取 1 张,求没有同号的概率.

> **解** 设 $A=\{3\text{ 张牌无同号}\}$,基本事件总个数是 $n=13^3$,A 包含的基本事件个数 $m=A_{13}^3$,所以
> $$P(A)=\frac{A_{13}^3}{13^3}=\frac{13\times 12\times 11}{13\times 13\times 13}=\frac{132}{169}\approx 0.78$$

概率的加法公式可以推广到有限个事件的和的情形.下面给出 3 个事件的和的概率加法公式:
$$P(A\cup B\cup C)=P(A)+P(B)+P(C)-P(AB)-P(BC)-P(AC)+P(ABC)$$

例 7 某一种型号飞机的操控系统的一个电子集成块由甲、乙两个部件组成,当负荷超载时,各自出故障的概率分别为 0.90 和 0.85,同时出故障的概率是 0.80,求负荷超载时至少有一个部件出故障的概率.

> **解** 设 $A=\{\text{甲部件出故障}\}$,$B=\{\text{乙部件出故障}\}$,则 $P(A)=0.90$,$P(B)=0.85$,$P(AB)=0.80$,于是 $P(A\cup B)=P(A)+P(B)-P(AB)=0.90+0.85-0.80=0.95$.

例8 某专业研究生复试时,有3张考签,3个考生应试,一个人抽1张看后立刻放回,然后另一个人抽,如此3人各抽1次,求抽签结束后,至少有1张考签没被抽到的概率.

解 方法一:设 $A_i=\{$第 i 张考签没被抽到$\}$($i=1,2,3$),$A=\{$至少有1张考签没被抽到$\}$,于是有 $A=A_1\cup A_2\cup A_3$,而

$$P(A_i)=\frac{2^3}{3^3}=\frac{8}{27} \quad (i=1,2,3)$$

$$P(A_1A_2)=P(A_2A_3)=P(A_1A_3)=\frac{1}{3^3}=\frac{1}{27}$$

$$P(A_1A_2A_3)=0$$

所以

$$P(A)=\frac{8}{27}+\frac{8}{27}+\frac{8}{27}-\frac{1}{27}-\frac{1}{27}-\frac{1}{27}=\frac{7}{9}$$

方法二:由于 $\bar{A}=\{$3张考签都被抽到$\}$,且 $P(\bar{A})=\frac{3\times2\times1}{3^3}=\frac{6}{27}=\frac{2}{9}$,所以

$$P(A)=1-P(\bar{A})=\frac{7}{9}$$

解决问题

解 问题1 设 $A=\{$至少有两名学生的生日在同一天$\}$,则 $\bar{A}=\{$40名学生的生日都不相同$\}$.首先,要承认一个前提:任何一个人的生日在一年的每一天是等可能的,在这个前提下第一个人有365种可能的情况(这里暂时不考虑闰年),对第一个人的每一种情况,第二个人也有365种情况,于是两个人所有可能的情况有 $365\times365=365^2$ 种,对于前两个人的每种情况,第三个人又有365种情况,于是三个人所有可能的情况有 365^3 种,以此类推,40人的所有可能的情况有 $N=365^{40}$ 种.其次,考虑在上述 N 种情况下,$\bar{A}$ 有多少种,类似上面的算法:第一个人有365种,由于 $\bar{A}$ 要求各人的生日不相同,第二个人就只有364种,第三个人只有363种,$\cdots$,第40个人就只有365-39=326种.于是其包含的情况数是

$$M=A_{365}^{40}=365\times364\times363\times\cdots\times326$$

这样,事件 $\bar{A}$ 的概率为

$$P(\overline{A}) = \frac{M}{N} = \frac{365}{365} \times \frac{364}{364} \times \frac{363}{363} \times \cdots \times \frac{326}{326} \approx 0.1088$$

最后,由性质 3 得

$$P(A) = 1 - P(\overline{A}) = 0.8912$$

这个结果说明,在 100 个有 40 名学生的班级中,大约会有 89 个班中至少有两人的生日在同一天.

问题 2 (1) 设 X 表示取得的次品数,则所求的是 $P\{X \geq 1\}$. 因为

$$P\{X = 0\} = \frac{C_9^5}{C_{12}^5}$$

所以

$$P\{X \geq 1\} = 1 - P\{X = 0\} = 1 - \frac{C_9^5}{C_{12}^5} = 1 - 0.159 = 0.841$$

(2) 所求的是 $P\{X \geq 2\}$. 因为 $\{X \geq 2\} = \{X = 2\} \cup \{X = 3\}$,而 $\{X = 2\}$ 与 $\{X = 3\}$ 互不相容,由概率的加法公式得

$$P\{X \geq 2\} = P(\{X = 2\} \cup \{X = 3\}) = P(\{X = 2\} + P\{X = 3\})$$

$$= \frac{C_3^2 C_9^3}{C_{12}^5} + \frac{C_3^3 C_9^2}{C_{12}^5} = 0.364$$

巩固练习

习题 4.9

1. 电话号码由 7 个数字组成,每个数字可以是 $0, 1, 2, \cdots, 9$ 中的任一个数字(但第一个数字不能为 0),求电话号码由完全不相同的数字组成的概率.

2. 把 10 本书任意地放在书架上,求其中指定的 3 本书放在一起的概率.

3. 一批电子元件有 40 只,其中有 3 只是坏的,从中任取 5 只检验,问:

(1) 5 只都是好的的概率是多少?

(2) 5 只中有 3 只坏的的概率是多少?

4. 一个盒子装有 7 只电子元件,其中有 5 只红色,2 只白色,有放回地取两次,每次取 1 只,求:

(1) 第一次、第二次都取到红色的概率;

(2) 第一次取到红色,第二次取到白色的概率;

（3）两次中，一次取到红色，一次取到白色的概率；

（4）第二次取到红色的概率．

5. 某城市有 50% 住户订日报，有 65% 住户订晚报，有 85% 住户至少订这两种报纸中的一种，求同时订两种报纸的住户的百分比．

6. 甲、乙两炮同时向一架敌机射击，已知甲炮的击中率是 0.5，乙炮的击中率是 0.6，甲、乙两炮都击中的概率是 0.3，求飞机被击中的概率是多少？

4.10 概率的乘法公式与条件概率

在实践中常遇到这种情况，事件 A 发生与否，直接影响事件 B 发生的概率 $P(B)$．

📝 提出问题

问题 1 甲、乙两门高射炮同时向敌机射击一次，已知它们击中敌机的概率分别是 0.6 和 0.7，求敌机被击中的概率．

问题 2 已知每枚地对空导弹击中来犯敌机的概率为 0.96，问需要发射多少枚导弹才能保证至少有一枚导弹击中敌机的概率大于 0.999？

📝 知识储备

4.10.1 条件概率

例 1 袋中有 5 个球，其中 3 个红球、2 个白球，无放回地抽取两次，每次 1 个．

（1）求第二次取到红球的概率；

（2）已经知道第一次取到的是红球，求第二次取到红球的概率．

解 设 $A = \{$第一次取到红球$\}$，$B = \{$第二次取到红球$\}$．

（1）显然，$P(B) = \dfrac{A_4^1 A_3^1}{A_5^2} = \dfrac{3}{5} = 0.6$；

（2）因为 A 已经发生，显然这时第二次取到红球的概率是 $\dfrac{2}{4}$，即在 A 已经发生的条件下，B 发生的概率是 0.5．

这里，事件 B 的概率依赖于事件 A 发生这个条件，称为条件概率．

🔊 **定义 1** 在事件 A 发生的条件下，事件 B 发生的概率称为在 A 已经发生的条件下 B 的条件概率，记作 $P(B|A)$．

如例 1 中，$P(B|A) = 0.5$．

应注意到，事件 A 发生与否也不一定总是对事件 B 发生的概率有影响．如例 1 中，如果把无放回抽取改为有放回抽取，那么无论第一次抽到的是红球还是白球，第二次抽到红球的概率总是 $P(B) = \dfrac{3}{5} = 0.6$．

关于条件概率，有下面的定理．

➡ **定理 1** 设事件 A 的概率 $P(A) > 0$，则在事件 A 已发生的条件下事件 B 的条件概率等于事件 AB 的概率除以事件 A 的概率所得的商，即

$$P(B|A) = \dfrac{P(AB)}{P(A)}$$

同样地，设事件 B 的概率 $P(B) > 0$，则在事件 B 已发生的条件下事件 A 的条件概率为

$$P(A|B) = \dfrac{P(AB)}{P(B)}$$

例 2 飞机的起落架上有某种元件用满 6000 h 未坏的概率是 0.75，用满 10000 h 未坏的概率是 0.5. 现有一个此种元件，已经用过 6000 h，问它能用到 10000 h 的概率．

解 设 $A = \{$用满 6000 h 未坏$\}$，$B = \{$用满 10000 h 未坏$\}$，则 $B|A = \{$用满 6000 h 后能用到 10000 h$\}$，由于

$$P(A) = 0.75, \quad P(B) = 0.5$$

而 $B \subset A$，$AB = B$，因而 $P(AB) = P(B) = 0.5$，故

$$P(B|A) = \dfrac{P(AB)}{P(A)} = \dfrac{P(B)}{P(A)} = \dfrac{0.5}{0.75} = \dfrac{2}{3}$$

4.10.2 乘法公式

由条件概率公式可得

$$P(AB) = P(A)P(B|A) \quad P(A) > 0$$

即有以下定理.

▶ **定理 2** （乘法公式）两事件 A，B 的积事件的概率等于其中一事件的概率乘以该事件发生的条件下另一事件的条件概率，即

$$P(AB)=P(A)P(B|A) \quad P(A)>0$$

或

$$P(AB)=P(B)P(A|B) \quad P(B)>0$$

例 3 飞机配件车间检测某电子元件，已知盒子中装有 10 只电子元件，其中 6 只正品. 从其中不放回地任取两次，每次取一只，问两次都取到正品的概率是多少？

> **解** 设 $A=\{$第一次取到正品$\}$，$B=\{$第二次取到正品$\}$，则
>
> $$P(A)=\frac{6}{10}, \quad P(B|A)=\frac{5}{9}$$
>
> 两次都取到正品的概率是
>
> $$P(AB)=P(A)P(B|A)=\frac{6}{10}\times\frac{5}{9}=\frac{1}{3}$$

乘法公式也可以推广到有限多个事件的积的情形. 例如，对 3 个事件的积事件，有

$$P(ABC)=P(A)P(B|A)P(C|AB) \quad P(AB)>0$$

例 4 现有一批飞机定位系统上的某零件共 100 个，次品率为 10%，每次从其中任取一个零件，取出的零件不再放回，问第三次才取到合格品的概率.

> **解** 设 $A_i=\{$第 i 次取到合格品$\}$ $(i=1,2,3)$，则所求的概率为
>
> $$P(\overline{A}_1\overline{A}_2 A_3)=P(\overline{A}_1)P(\overline{A}_2|\overline{A}_1)P(A_3|\overline{A}_1\overline{A}_2)$$
>
> 而
>
> $$P(\overline{A}_1)=\frac{10}{100}, \quad P(\overline{A}_2|\overline{A}_1)=\frac{9}{99}, \quad P(A_3|\overline{A}_1\overline{A}_2)=\frac{90}{98}$$
>
> 所以
>
> $$P(\overline{A}_1\overline{A}_2 A_3)=\frac{10}{100}\times\frac{9}{99}\times\frac{90}{98}\approx 0.0083$$

4.10.3 事件的独立性与伯努利概型

1. 事件的独立性

▶ **定义 2** 若事件 A 的发生不影响事件 B 发生的概率，或事件 B 的发生不影响事件 A 发生的概率，即

$$P(B|A) = P(B) \text{ 或 } P(A|B) = P(A)$$

则称事件 A 与事件 B 是相互独立的．

例如，袋中有 5 个白球和 3 个黑球，从中连续抽取 2 个球，假定：

（1）第一次取出的球仍放回；

（2）第一次取出的球不再放回去．

设 $A = \{$第一次取到的是白球$\}$，$B = \{$第二次取到的是白球$\}$．在（1）中，事件 A 与事件 B 是相互独立的，因为

$$P(B|A) = P(B) = \frac{5}{8}$$

但在（2）中，事件 A 与事件 B 不是相互独立的，因为

$$P(B|A) = \frac{4}{7}, \quad P(B) = \frac{5}{8}$$

▶ **定理 3** 两个事件 A，B 相互独立的充分必要条件是

$$P(AB) = P(A)P(B)$$

实际应用中，一般不借助定义 2 或定理 3 来验证事件的独立性，往往根据问题的具体情况，按照问题的具体情况，以及独立性的直观意义或经验来判断事件的独立性．

两独立事件还具有以下性质：若事件 A 与 B 独立，则事件 A 与 $\overline{B}$，$\overline{A}$ 与 B，$\overline{A}$ 与 $\overline{B}$ 也相互独立．

例 5 设盒中装有飞机上的某种球形零件，一共 6 只，其中 4 只白色，2 只红色，从盒中任意取球两次，每次取一球，有以下两种情况：

（1）第一次取一球观察颜色后放回盒中，第二次再取一球，一般称为放回抽样；

（2）第一次取一球后不放回盒中，第二次再取一球，一般称为不放回抽样．

试就这两种情况求：

（1）取到两只球都是白球的概率；

（2）取到的两只球至少有一只是白球的概率．

解 设 $A_i = \{$第 i 次取到白球$\}$（$i = 1, 2$）．

（1）放回抽样的情形．由于是放回抽样，因此 A_1 与 A_2 是相互独立的，且

$$P(A_1) = P(A_2) = \frac{4}{6} = \frac{2}{3}$$

于是

$$P(A_1 A_2) = P(A_1)P(A_2) = \frac{2}{3} \times \frac{2}{3} \approx 0.444$$

$$\begin{aligned} P(A_1 \cup A_2) &= P(A_1) + P(A_2) - P(A_1 A_2) \\ &= P(A_1) + P(A_2) - P(A_1)P(A_2) \\ &= \frac{2}{3} + \frac{2}{3} - \frac{2}{3} \times \frac{2}{3} \approx 0.889 \end{aligned}$$

（2）不放回抽样的情形. 由于是不放回抽样，因此 A_1 与 A_2 不是相互独立的，则

$$P(A_1) = \frac{4}{6} = \frac{2}{3}, \quad P(A_2 \mid A_1) = \frac{3}{5}; \quad P(\overline{A}_1) = \frac{1}{3}, \quad P(\overline{A}_2 \mid \overline{A}_1) = \frac{1}{5}$$

于是

$$P(A_1 A_2) = P(A_1)P(A_2 \mid A_1) = \frac{2}{3} \times \frac{3}{5} = 0.4$$

$$\begin{aligned} P(A_1 \cup A_2) &= 1 - P(\overline{A_1 \cup A_2}) = 1 - P(\overline{A}_1 \overline{A}_2) = 1 - P(\overline{A}_1)P(\overline{A}_2 \mid \overline{A}_1) \\ &= 1 - \frac{1}{3} \times \frac{1}{5} = \frac{14}{15} \approx 0.933 \end{aligned}$$

两个事件的独立性可以推广到有限多个事件独立的情形. 例如，三个事件 A, B, C 的独立性：

若对事件 A, B, C, 有

$$P(AB) = P(A)P(B)$$
$$P(BC) = P(B)P(C)$$
$$P(AC) = P(A)P(C)$$
$$P(ABC) = P(A)P(B)P(C)$$

四个等式同时成立，则称 A, B, C 是相互独立的.

注 若事件 A, B, C 仅满足前三个等式，则称 A, B, C 两两独立. 但 A, B, C 两两独立并不一定推出 A, B, C 相互独立.

一般地，设 A_1, A_2, $\cdots$, A_n 为 n 个随机事件，若对任意 $k(1 < k \leqslant n)$，任意 $1 \leqslant i_1 < i_2 < \cdots < i_k \leqslant n$, 满足等式

$$P(A_{i_1} A_{i_2} \cdots A_{i_k}) = P(A_{i_1})P(A_{i_2}) \cdots P(A_{i_k})$$

则称事件 $A_1, A_2, \cdots, A_n$ 为相互独立的. 此时有

$$P(A_1 A_2 \cdots A_n) = P(A_1)P(A_2)\cdots P(A_n)$$

和两个事件的独立性相仿,在实际应用中,我们往往不是根据定义,而是根据实际经验判断 $A_1, A_2, \cdots, A_n$ 相互独立,然后利用独立性计算 $P(A_1 A_2 \cdots A_k)(k=1, 2, \cdots, n)$.

例6 加工飞机上的某一零件共需经过三道工序. 设第一、二、三道工序的次品率分别是 2%、3%、5%. 假定各道工序是互不影响的,问加工出来的零件的次品率是多少?

解 设 $A_i = \{$第 i 道工序出次品$\}$ ($i=1, 2, 3$),$A = \{$加工出来的零件是次品$\}$,则

$$A = A_1 \cup A_2 \cup A_3$$

所以 $P(A) = P(A_1 \cup A_2 \cup A_3) = P(A_1) + P(A_2) + P(A_3) - P(A_1 A_2) - P(A_2 A_3) - P(A_1 A_3) + P(A_1 A_2 A_3)$

而 $P(A_1) = 0.02$,$P(A_2) = 0.03$,$P(A_3) = 0.05$

又各道工序是独立的,所以

$$P(A_1 A_2) = P(A_1)P(A_2) = 0.02 \times 0.03 = 0.0006$$
$$P(A_2 A_3) = P(A_2)P(A_3) = 0.03 \times 0.05 = 0.0015$$
$$P(A_1 A_3) = P(A_1)P(A_3) = 0.02 \times 0.05 = 0.0010$$

又 $P(A_1 A_2 A_3) = P(A_1)P(A_2)P(A_3) = 0.02 \times 0.03 \times 0.05 = 0.00003$

所以 $P(A) = 0.02 + 0.03 + 0.05 - 0.0006 - 0.0015 - 0.0010 + 0.00003 = 0.09693$.

例6还有另一种解法,利用 $P(A) = 1 - P(\bar{A}) = 1 - P(\overline{A_1 \cup A_2 \cup A_3}) = 1 - P(\bar{A}_1 \bar{A}_2 \bar{A}_3)$,$P(\bar{A}_1 \bar{A}_2 \bar{A}_3) = P(\bar{A}_1)P(\bar{A}_2)P(\bar{A}_3)$ 来求,具体请读者完成.

2. 伯努利概型

📢 **定义3** 在相同的条件下进行 n 次试验,若每次试验的结果互不影响,则称这 n 次试验为独立重复试验.

例如,对同一个目标进行多次射击,每次射击结果与其他各次射击无关,这样的多次射击就是独立重复试验.

📢 **定义4** 若试验 E 只有两个可能的结果,事件 A 发生或不发生,并且事

件 A 发生的概率是 $p(0<p<1)$，事件 A 不发生的概率为 $q=(q=1-p)$，则称试验 E 为伯努利试验.

📢 **定义 5** 将试验 E 独立地重复 n 次，即在 n 次独立重复试验中，每次试验的结果只有两个：A 和 $\bar{A}$，则称这 n 次试验为 n 重伯努利概型，简称伯努利概型.

例如，将一枚硬币重复抛 9 次，观察出现正反面的试验，就是 9 重伯努利概型. 但是将一颗骰子重复抛 9 次，观察出现的点数的试验，是独立重复试验，由于试验结果不止两个，故不是伯努利概型.

下面讨论 n 重伯努利概型中事件 A 发生 k 次的概率.

➡ **定理 4** 在 n 重伯努利概型中，事件 A 每次发生的概率是 $p(0<p<1)$，则事件 A 在伯努利概型中恰好发生 k 次的概率为

$$P_n(k)=C_n^k p^k q^{n-k}$$

其中 $0<p<1$，$q=1-p$，$k=0,1,\cdots,n$.

显然，有 $\sum_{k=0}^{n} C_n^k p^k q^{n-k}=(p+q)^n=1^n=1$.

注意到 $C_n^k p^k q^{n-k}$ 刚好是二项式的展开式中的一般项，故上述公式也称二项概率公式.

例 7 某射手每次射击击中目标的概率是 0.6，如果射击 5 次，试求至少击中 2 次的概率.

> **解** 设 X 表示击中的次数，则
>
> $$P\{X\geq 2\}=\sum_{k=2}^{5}P_5(k)=1-P_5(0)-P_5(1)$$
>
> $$=1-C_5^0(0.6)^0(0.4)^5-C_5^0(0.6)^1(0.4)^4$$
>
> $$\approx 0.826$$

例 8 设飞机零件厂有 100 件某种仪表电子元件，其中 90 件正品，10 件次品，现有如下要求：

（1）有放回地抽取 4 次，每次取 1 件；

（2）无放回地抽取 4 次，每次取 1 件.

求恰好抽到 3 件次品的概率.

解 设 X 表示取到的次品数.

（1）是 4 重独立试验，则有 $P\{X=3\} = C_4^3 (0.1)^3 \times 0.9 = 0.003$.

（2）不是 n 重独立试验，也就不是 n 重伯努利概型，由古典概型，所求概率为

$$P\{X=3\} = \frac{C_{10}^3 C_{90}^1}{C_{100}^4} \approx 0.0028$$

从上面的计算结果可以看出，两者的概率相差不大. 当产品的批量很大时，两者的误差会更小，所以此时可把"无放回"近似当作"有放回"来处理.

一般地，当 p 很小，而 n 很大时，用 n 重伯努利概型的概率计算公式进行计算会很烦琐，此时常用下面的泊松近似公式来简化计算：

$$P_n(k) \approx \frac{\lambda^k}{k!} e^{-\lambda}$$

其中 $\lambda = np$.

例 9 飞机仪表内装有 2000 个同样的电子管，每个电子管损坏的概率等于 0.0005. 当任一电子管损坏时，飞机检测系统即报警，要求检修. 求飞机检测系统报警的概率.

解 所求概率为 $1 - P_{2000}(0) = 1 - C_{2000}^0 (0.0005)^0 (0.9995)^{2000}$ ，计算非常烦琐，故用泊松公式来近似计算：

$$P_{2000}(0) \approx \frac{(2000 \times 0.0005)^0}{0!} e^{-2000 \times 0.0005} = e^{-1} \approx 0.368$$

所求的概率约为 $1 - 0.368 = 0.623$.

✒️ 解决问题

解 **问题 1** 设 $A = \{$甲击中敌机$\}$，$B = \{$乙击中敌机$\}$，$C = \{$敌机被击中$\}$，则 $C = A \cup B$，所求概率为

$$P(C) = P(A \cup B) = P(A) + P(B) - P(AB)$$

因为 A 与 B 相互独立，所以

$$P(AB) = P(A)P(B)$$

从而

$$P(C) = P(A \cup B) = P(A) + P(B) - P(A)P(B) = 0.6 + 0.7 - 0.6 \times 0.7 = 0.88$$

即敌机被击中的概率是 0.88.

问题 2 设需要发射 n 枚导弹，而用 X 表示 n 枚导弹中击中敌机的次数，则有

$$P\{X \geqslant 1\} = 1 - P\{X = 0\} = 1 - C_n^0 0.96^0 (1-0.96)^n$$

由题意知

$$1 - (1-0.96)^n > 0.999$$

即

$$0.04^n < 0.001$$

解得

$$n > \log_{0.04} 0.001 = \frac{\lg 0.001}{\lg 0.04} \approx 2.15$$

所以 $n = 3$，即需要发射 3 枚导弹.

巩固练习

习题 4.10

1. 一个盒子中有 4 只次品晶体管，6 只正品晶体管，随机地抽取 1 只测试，直到 4 只次品晶体管都找到为止，求第四只次品晶体管在第五次测试时被发现的概率.

2. 飞机配件中某电子元件的使用寿命为 15 年的概率是 0.8，而使用寿命为 20 年的概率是 0.4，问现在已使用了 15 年的这种电子元件再使用 5 年的概率是多少？

3. 某厂生产的产品合格率是 0.98，而在合格品中一等品的概率是 0.9，求该厂生产的一等品的概率.

4. 由于电压增高，使电路中串联的三个元件分别以 0.3，0.4 和 0.6 的概率损坏而发生断路，求电路发生断路的概率.

5. 一个工人看管 3 台机床，设在任一时刻机床不需要看管的概率分别为 0.9，0.8，0.85，求：

（1）任一时刻 3 台机床都正常工作的概率；

（2）至少有 1 台机床正常工作的概率.

参考文献

[1] 郭立娟.大学数学应用基础（上）[M].长沙：湖南教育出版社，2013.

[2] 郭立娟.大学应用数学[M].北京：中国水利水电出版社，2022.

[3] 赵燕.应用高等数学（机电类）[M].北京：北京理工大学出版社，2021.

[4] 骈俊生，冯晨，王罡.高等数学（下册）[M].2版.北京：高等教育出版社，2018.

[5] 胡胜生.应用数学基础（下册）[M].上海：华东师范大学出版社，2001.

[6] 游安军.电路数学[M].北京：电子工业出版社，2014.

[7] 阎章杭，刘青桂，张卫华.高等数学与工程数学[M].北京：化学工业出版社，2003.